山西食药用菌物种名录与产品开发

郭 尚 主编

中国农业科学技术出版社

图书在版编目（CIP）数据

山西食药用菌物种名录与产品开发 / 郭尚主编. —北京：中国农业科学技术出版社，2020. 7

ISBN 978-7-5116-4650-7

Ⅰ. ①山… Ⅱ. ①郭… Ⅲ. ①食用菌—物种—山西—名录 ②药用菌类—物种—山西—名录 Ⅳ. ①S646-62 ②S567.3-62

中国版本图书馆 CIP 数据核字（2020）第 047417 号

责任编辑 周 朋 徐 毅

责任校对 马广洋

出 版 者 中国农业科学技术出版社

北京市中关村南大街12号 邮编：100081

电 话 （010）82106643（编辑室） （010）82109702（发行部）

（010）82109709（读者服务部）

传 真 （010）82106650

网 址 http: // www.castp.cn

经 销 者 各地新华书店

印 刷 者 北京建宏印刷有限公司

开 本 787mm×1 092mm 1/16

印 张 11 彩插8面

字 数 258千字

版 次 2020年7月第1版 2020年7月第1次印刷

定 价 68.00元

《山西食药用菌物种名录与产品开发》

编委会

前　言

山西省四周山水环绕，东依太行山，西、南依吕梁山，山西境内的主要山脉有太行山、吕梁山、恒山、五台山、中条山、太岳山等。山西地处中纬度，属暖温带、中温带大陆性气候，四季分明，降水主要集中在7、8、9三个月，占全年降水量的65%~80%。山西省的野生食用菌资源特别丰富，是发展食用菌优质栽培的适宜区域之一。许多地区可以一年四季进行食用菌栽培。近几年，山西省的食用菌栽培产业发展迅速，产量和质量提高很快，给农民带来了很多收益，食用菌产业成为贫困山区脱贫致富的支柱产业。

山西省农业科学院食用菌研究所在山西省农业农村厅有关部门的指导和支持下，经过多年努力，调查、收集多种山西省野生食药用菌资源，并进行驯化、栽培试验，在山区和林区适宜栽培食用菌的地区积极进行食用菌栽培生产示范推广。近几年该所十分重视食用菌产业转型发展，主要致力于食药用菌功能性产品的研发和试生产。

《山西食药用菌物种名录与产品开发》收录了二十多种省内栽培的菌种名录，详细介绍了这些菌种的生长特性、栽培技术以及营养价值，可为更好地开发相关菌种功能性产品提供依据；介绍了依托山西食药用真菌开发利用工程研究中心研发的14种食药用真菌功能性产品（已投入试生产）；还在对山西省境内野生菌资源做了实地考察、搜查、研究的基础上，对部分苔蘑资源及营养价值做了简单整理，为全面研究开发利用野生菌资源打下了坚实基础。

以收集编撰的山西省野生菌资源为基础，山西省农业科学院食用菌研究所紧密围绕食用菌功能产品开发利用所面临的难题、研究热点以及最新研究领域开展相关研究，不断提供创新性科研成果，科研能力和影响力不断增强，为实现食用菌功能产品的开发利用、山西食药用真菌开发利用工程研究中心的建立以及学科发展和科研水平的提高提供了较高的平台和强有力的支撑。

在此要感谢山西省农业科学院食用菌研究所刘虹、陈曙霞、张程三位老师，以及山西省岚宇农业开发有限公司的陈金泉董事长为本书的编撰提供图片，为读者呈现了五彩的食药用菌世界，使本书的内容更加丰富直观。

编　者

2019年7月

目　录

第一章　山西食药用菌物种名录

第一节　香　　菇

一、概述

香菇（*Lentinula edodes*）又名冬菇、香菌、香信、香蕈，属于真菌界（Fungi）担子菌亚门（Basidiomycotina）伞菌纲（Agaricomycetes）伞菌目（Agaricales）口蘑科（Tricholomataceae）香菇属（*Lentinula*）。香菇素有“山珍之王”之称，是高蛋白、低脂肪的营养保健食品。香菇因人工栽培历史悠久，自然分布也很广泛，从而形成了繁杂众多的品种。按栽培基质可分为段木种、木屑种、草料种、菌草种、两用型品种；按产品适宜销售形态可分为干销种、普通鲜销种、保鲜鲜销种；按菇大小可分为大叶种（菌盖 5～15cm）、大中叶种（菌盖 5～10cm）、小叶种（菌盖 4～6cm）；按出菇温度可分为低温品种（出菇适温 5～15℃）、中温品种（出菇适温 10～20℃）、高温品种（出菇适温 15～25℃）和广温品种（出菇适温 8～28℃）。香菇见图 1–1。

香菇具有很高的营养价值，味道鲜美、香味独特，且有一定的药用价值。据分析，每 100g 干香菇中含水分 13g、脂肪 1.8g、蛋白质 10g、碳水化合物 54g、粗纤维 7.8g、灰分 4.9g、钙 124mg、磷 415mg、铁 25.3mg、维生素 B_1 0.07mg，维生素 B_2 1.13mg，烟酸 18.9mg；鲜香菇含水分 85%～90%，固形物中含粗蛋白 19.9%，粗脂肪 3.1%，可溶性无氮物 67%，粗纤维 7%，灰分 3%。香菇蛋白质中含有 18 种氨基酸，香菇可以提供人体必需的 8 种氨基酸中的 7 种，且必需氨基酸占总氨基酸的 32% 以上。谷氨酸占总氨基酸的 27.2%，由于谷氨酸是味精的主要成分，因此香菇比其他菇更加香鲜。香菇也是一种著名的药用菌。它含有一般蔬菜所缺乏的维生素 D 原（麦角甾醇），被人体吸收后能转变成维生素 D，可促进儿童骨骼和牙齿的形成，预防儿童佝偻病、老年骨质疏松；含有腺嘌呤，能有效地降低胆固醇及预防肝硬化，能预防流行性感冒、降低血压、清除血毒，预防人体各种黏膜及皮肤炎症，对天花、麻疹有显著疗效和预防作用；含有香菇多糖，能提高人体免疫力，增强人体对疾病的抵抗力，尤其对癌细胞具有强烈的抑制作用；含香菇素，可预防血管硬化，降低血脂；含诱导机体产生干扰素的双链核糖核酸，能抗病毒。

香菇是亚洲特产，产地已日渐扩大，现已成为世界上产量仅次于双孢蘑菇的第二大食用菌。目前，中国是世界上香菇第一生产大国和出口大国。香菇的人工栽培起源于中国，砍树种菇已有近千年的历史。直到 20 世纪 70 年代，中国利用木屑、棉籽壳、玉米芯等原料代替段木栽培香菇、银耳、木耳获得成功，香菇栽培开始由单一的段木栽培变为段木栽培与代料栽培并存。代料栽培技术问世以来，即在迅速的推广应用中不断改进和完善。代料香菇的产量和质量逐步提高。至 1989 年，中国的香菇产量首次超过日本，成为世界第一香菇生产国。香菇生产周期短、市场空间大、投入少、售价高，且具有保健食疗的作用，因此深受人们喜爱。在国际市场上，无论是鲜菇、干菇或罐头，都享有较高的盛誉。中国香菇盛产于福建、广东、广西、安徽、湖南、湖北、江西、四川等地，在中国北方，香菇业也正在悄然兴起、蓬勃发展。北方有着丰富的菇木资源和大量农作物的下脚料，且昼夜温差大，更容易产花菇。多地区大规模产业化栽培香菇，已成为帮助农民脱贫致富的有效途径。香菇已成为中国农业可持续发展的重要组成部分。

【分类学地位】真菌界（Fungi），担子菌亚门（Basidiomycotina），伞菌纲（Agaricomycetes），伞菌目（Agaricales），口蘑科（Tricholomataceae），香菇属（*Lentinula*）

【俗名】花蕈、香信、椎茸、冬菇、厚菇、花菇

【英文名】shiitake；oak mushroom；black forest mushroom

【拉丁学名】*Lentinula edodes*

二、形态特征及分布

【菌丝体】香菇菌丝白色，绒毛状，有横隔和分枝，细胞壁薄，有锁状联合。有少量气生菌丝。菌丝成熟后，形成黑褐色菌膜，12～14d 长满试管。斜面上形成原基的多为早熟品种。

【菌盖】菌盖圆形，直径通常 5～10cm，在栽培条件下，小的仅有 3cm 左右，大的可达 20cm。菌盖表面茶褐色、暗褐色，被有深色鳞片，有时菌盖龟裂露出白色菌肉，称为花菇。香菇在幼时菌盖呈半球状，边缘内卷，后平展呈伞状，有白色或黄色的绒毛，随生长而消失。菌盖下面有膜状菌幕，后破裂，形成不完整的菌环。

【菌肉】肥厚，白色，质韧，有特殊香味。

【菌褶】菌褶弯生、白色，位于菌盖腹面，呈辐射状排列，受伤或老熟后变成红褐色。菌褶刀片状，表面着生担子和担孢子。担子无色，棍棒状，顶端有四个小突起，上面着生担孢子，孢子易从担子梗上脱落，每一朵香菇可散发几十亿个孢子。

【菌柄】中生或偏生，圆柱形，菌柄上部白色，基部略呈红褐色，中实坚韧，纤维质或半纤维质，常弯曲。幼时菌柄表面被白色绒毛，干时呈鳞片状。

【孢子】无色，表面光滑，椭圆形，（4～5）μm×（2～3）μm。孢子印白色。

【分布】全国各地均有分布。该菌是世界著名的食用菌之一。

三、营养价值

【营养成分】香菇多糖（lentinan，LNT）、香菇嘌呤（eriadenine）、核苷酸、维生素、三萜类化合物、多种蛋白质和氨基酸、多种矿物质及膳食纤维素等；麦角甾醇（维生素D原，其含量比一般食物高）；香菇素（lentinacin，$C_9H_{11}O_4N_5$）；诱导机体产生干扰素的双链核糖核酸。

【功效】性平，味甘。中医中有疏风解表，健脾益胃，祛风破血，解毒止痛之功效。"是补偿维生素D的要剂，增强人体的抵抗力，并能促进儿童骨骼和牙齿的生长，预防佝偻病，并治贫血"；降低血中胆固醇的作用，可预防因动脉硬化引起的冠心病、高血压等中老年人常见病；刺激机体的免疫系统，使免疫功能得到恢复和提高，从而起到防癌、抗癌作用；对机体免疫细胞的活性有恢复和提高的作用，能与化疗药物相辅相成，抑制癌细胞的发展，改善肺癌患者的临床症状，对缓解疾病带来的痛苦和病情恢复有重要作用，预防由病毒引起的多种疾病，尤其是病毒性肝炎。

四、生长发育条件及生活史

（一）营养条件

香菇是木腐菌，靠腐生生活。其主要营养物质是碳水化合物和含氮化合物，也需要少量的矿质元素和维生素。菌丝可通过分泌纤维素酶、半纤维素酶和木质素水解酶等分别降解培养料中的纤维素、半纤维素和木质素，使这些大分子有机物分解为单糖、双糖等还原糖，然后吸收利用。人工代料栽培中添加的糖类、麸皮、米糠、玉米粉等，都是很好的碳源。当糖的浓度达到8%时，子实体发生良好。香菇菌丝能利用有机氮（蛋白质、氨基酸、尿素）和铵态氮，不能利用硝态氮和亚硝态氮。在代料栽培中，常添加麸皮或米糠提高氮的含量。香菇菌丝生长阶段碳氮比以25∶1为好，而子实体形成时以（30～40）∶1为好。氮素含量过多会抑制香菇子实体发生和原基的分化，影响香菇的产量。香菇生长还需要少量的矿质元素，其中大量元素为磷、钾、钙、镁、硫等，微量元素为铁、锌、锰、铜、钴、钼等。香菇只需要外源的维生素B_1，其他维生素可自身合成。维生素B_1对香菇碳水化合物的代谢和子实体的形成有一定的促进作用，尤其对菌丝的生长影响更大。代料的添加辅料如麸皮、米糠、马铃薯等含有丰富的维生素B_1，料内若有这些物质，不必另外添加维生素。

（二）环境条件

1.温度

香菇是一种低温型变温结实性的食用菌。由于人工选择的结果，香菇已经有低温发生型、中温发生型、高温发生型等多种温型的菌种。温度是影响香菇生长发育的一个最活跃、最重要的因素。香菇孢子萌发的温度为 15 ~ 30℃，最适温度为 22 ~ 26℃。菌丝生长的温度范围较广，在 5 ~ 32℃，最适温度为 24 ~ 27℃，在 5℃以下或 30℃以上时，菌丝生长停止，超过 40℃则死亡。香菇子实体分化的温度一般为 5 ~ 25℃，最适温度为 15℃。昼夜温差越大，子实体原基越容易分化，并且分化形成的子实体原基的数目也越多，一般温差为 5 ~ 10℃时为好。香菇不同品种转色对温度要求不同，多数品种在 18 ~ 22℃，超出这一范围则转色不良，以至于影响出菇。一般在较高的温度下，香菇生长迅速，肉薄柄长，菌盖易开伞，且肉质比较粗糙，质量差；在低温条件下，菇体发育缓慢，菌盖肥厚，菌柄粗短，质地密，品质优良。香菇在 4℃左右的条件下生长时，因菌盖受寒冷、干燥气候的影响，子实体表面细胞停止分裂生长，而内部细胞仍在发育，使菌盖表皮膨胀裂开形成花菇，品质最优。

2. 湿度

香菇菌丝只有在水分适宜的培养基中才能很好地生长。料中含水量过多时，其菌丝常因缺氧而生长缓慢或停止生长，甚至菌丝萎缩腐烂死亡；料中的含水量太少时，菌丝分泌的各种酶就不能通过自由扩散接触培养料进行分解活动，从而营养物质也就不能运输和转换，菌丝也就不能正常生长。菌丝生长阶段，菇木含水量 40% ~ 45%、空气相对湿度 60% ~ 70% 为宜；子实体形成时，菇木含水量 60%、空气相对湿度 80% ~ 90% 为宜。如菇木含水量过多，香菇质地柔软、易腐烂，菌盖变深黑褐色。适宜的水分可得到厚肉香菇。因此，在生产上应掌握“先干后湿”的原则。

3. 光照

香菇是需光性的真菌。菌丝生长阶段，不需要光照，在黑暗条件下菌丝生长较快，强光反而会抑制菌丝的生长。子实体分化和生长发育阶段，则需要一定的散射光。光对子实体的作用主要是诱导子实体的形成，加速菌盖生长，并抑制菌柄伸长，使菌肉增厚，并促进菌盖表层色素的积累。在完全黑暗的条件下，子实体不能形成。如果光线微弱，子实体发生少，菌盖较薄，菌柄细长，菌盖色浅；但光线过强，对子实体的分化有一定的抑制作用。

4. 空气

香菇属好气性菌类，在生长发育过程中，需从环境中不断吸收空气中的氧气，排出 CO_2。缺氧时菌丝借酵解作用维持生命，但会消耗大量营养，菌丝易衰老、死亡，子实体易产生畸形，且有利于杂菌的繁殖。环境通风良好，则香菇的菇形好、盖大柄短、商品价值高。

5. 酸碱度

香菇菌丝生长要求偏酸性环境，pH 值在 3 ~ 7 都可生长，以 4.5 ~ 5.5 最为适宜，超过 7.5 生长极慢或停止生长。子实体的发生、发育的最适 pH 值为 3.5 ~ 4.5。在生产中常将栽培料的 pH 值调到 6.5 左右，高温灭菌会使料的 pH 值下降 0.3 ~ 0.5，菌丝生长中所产生的有机酸也会使栽培料的酸碱度下降。一般树木的酸碱度都适合香菇的生长发育，含单宁酸较高的树木有加速菌丝生长的作用，因此，壳斗科木材很适合香菇的生长发育。为了使料中的 pH 值变化不大，配料时常加入适量的磷酸二氢钾或磷酸氢二钾作缓冲剂，也可在料中加入石膏粉、碳酸钙等碱性物质，来调节培养料的 pH 值，并控制霉菌的感染。

（三）生活史

香菇的孢子萌发生成菌丝，菌丝生长发育分化成子实体，子实体再产生担孢子，如此往复循环，形成香菇的生活周期。在自然条件下，一个世代需 8 ~ 12 个月，甚至更长。人工代料栽培，可缩短为 3 ~ 4 个月。

香菇是一种典型的四极性异宗结合性真菌。香菇的单核菌丝（初生菌丝）不孕，双核菌丝（次生菌丝）有锁状联合，可孕。香菇担孢子萌发后，形成单核菌丝，两条可亲和的单核菌丝通过质配形成有锁状联合的双核菌丝，且双核菌丝可以不断增殖。当双核菌丝发育到一定阶段，在适宜的环境条件下扭结成子实体。其中，还产生单核及双核的厚垣孢子。由单核厚垣孢子萌发的菌丝仍是单核菌丝，双核厚垣孢子萌发后仍长成双核菌丝。

五、栽培技术

香菇的人工栽培在我国已有 800 多年的历史，长期以来栽培香菇都用砍花法，是一种自然接种的段木栽培法。我国香菇栽培技术，总体上经历了原木砍花栽培、菌丝接种段木栽培和木屑塑料袋栽培三个阶段，下面主要介绍香菇段木栽培和代料栽培两种常用方法。

（一）段木栽培

段木栽培就是把适合香菇生长的树木砍伐截成一定长度，进行人工接种，在适宜的环境条件下进行香菇栽培的方法。香菇的段木栽培生产步骤如下。

1. 选择菇场

菇场要选择在菇树资源丰富，便于运输管理，通风向阳，排水良好的地方。要采用两场制栽培香菇，即发菌室与出菇场要分开。发菌室要求干净、保温、通风，用于排放菌袋。发菌室可以利用旧房、简易棚、塑料大棚、山洞、地下室等，使用前要进行杀菌、灭虫。出菇场的选择应根据香菇的生物学特性，创造适合于香菇生长发育的环境条件，能给予其出菇期的温度、湿度、光照控制条件。出菇场应选择阳光充足、温差大、近水源、地势平坦、交通方便、通风良好的地方。在自然荫蔽较差的场地搭盖人工阴棚，或者结合长远规划种植速生树木，用于遮阳。菇场的土质以含石砾多的沙质土最佳，这样可以使菇场环境清洁，菇木不易感染病虫害。

2. 准备段木

（1）菇树的选择。食用菌栽培用树的种类十分丰富。目前，可用于香菇栽培的树种不下 200 种，涉及的科在 30 个以上。其中绝大多数属壳斗科、桦木科、金缕梅科和槭树科，此外还有豆科、野茉莉科、大戟科等的部分种。常用树种有栎、麻栎、蒙古栎、栓皮栎、白栎、刺栲、苦槠栲、罗浮栲和枫香树等。松、柏、杉等针叶树因含有酚类等芳香性物质，对菌丝的生长有一定的抑制作用，通常不用。以树龄 15～30 年生的树木最适，菇木以直径 5～20cm 的原木为好。树龄小的树木，因树皮薄、材质松软等因素，虽然出菇早，但菇木容易腐朽，出菇持续时间短，生产出的菇体又小又薄；老龄树虽然出菇晚，但可生产出很多优质香菇，只是老龄树直径较大，不易于管理。选用时应选取树皮厚薄适中，紧而不易脱落，具有很好的保温保湿、隔热、透气性能，具有一定弹性，木质软硬适度、边材发达、心材较少的木材。菇木应选用当地资源丰富，易于成活造林的非经济林木。砍伐后于翌年春季补造，以保持生态平衡和菇木资源。

（2）适时砍树。选好的树木要及时砍伐，休眠期是砍树的最佳季节，一般在深秋和冬季。这时树内营养物质丰富，树液流动迟缓或停止，树皮不易剥落。在砍伐、搬运过程中，必须保持树皮完整无损不脱落。没有树皮的段木，菌丝很难定植，也很难形成原基和菇蕾。

（3）适当干燥。干燥的目的是在降低含水量的同时，促进树体细胞死亡，使其成为香菇生长的适宜基质。通常将砍伐后的菇树叫原木，将去枝截断后的原木叫段木。原木干燥，就是为了调节段木含水量，以利于香菇菌丝在段木中定植生长。不同树种需要干燥的时间不同，砍伐后的树木活细胞不会立即死亡，不宜马上接种，要将其放在原地数日，待树木丧失部分水分。当树心由于水分蒸发而出现几条短而细的裂纹时，表示段木干燥适宜，此时一般含水量在 40%～50%。段木含水量太高霉菌易侵入；含水量太低，接种后菌种易失水干缩，难以成活。干燥的时间不能一概而论，常以干燥后没有萌发力为度，或以接种打孔时不渗出树液为宜。一般说来宁可湿些，也不可太干，因此一定要适当干燥。

（4）剃枝截断。原木干燥后，应及时剃枝截断。这项工作应在晴天进行。把原木截成 1～1.2m 长的段木。截断后段木两端及枝丫切面要用 5% 石灰水或 0.1% 高锰酸钾溶液浸涂，以防杂菌感染。

3.段木接种

（1）接种季节的确定。人工栽培香菇，在气温 5～20℃均可接种，其中，以月平均气温 10℃左右最为适宜。接种过早，香菇容易受冻；接种过晚，气温高容易感染杂菌。长江流域接种季节一般在春季，2 月下旬至 4 月底定植。华南地区冬季气温常在 2～3℃以上，可在 12 月至第二年的 3 月接种。华东地区最适接种季节为 11 月下旬至 12 月上旬。

（2）菌种的选择。选菌龄适宜、生命力强、无杂菌、具有优良的遗传性状、适合段木栽培的优质菌种，淘汰不合格的菌种。可用木屑菌种、枝条菌种或木块菌种等。

（3）打眼接种。一般用电钻或打孔器在段木上打孔，不论使用哪种菌种，菌种和接种孔周围的段木要接触好，不留空隙，以利于菌种萌发定植。接种穴多呈梅花状排列，行距 5～6cm，穴距 10～15cm，穴深 1.5～1.8cm。打好孔后，取一小块菌种塞进穴内，装量不宜过多，以装满孔穴为止。切忌用木棒等物捣塞。菌种装完后，在孔穴上面立即盖上树皮，用锤子轻轻敲打严实，使树皮最好和段木表面相平。树皮盖的厚度以 0.5cm 为宜，太薄易被晒裂或脱落。条件好的，还可用石蜡封口。石蜡封口材料的配方是石蜡 75%、松香 20%、猪油 5%，加热熔化调和，待其稍冷却后，用毛笔蘸取涂抹于盖口，冷却后即黏着牢固。

4. 发菌期的管理

接种后的段木叫菇木或菌材。发菌是根据菇场的地理条件和气候条件，对堆积的菇木采取调温、保湿、遮阳和通风等措施，为菌丝的定植和生长创造适宜的生活条件。接种好的菌木应立即进行发菌期的管理。

（1）菇木堆放。从段木接种后至菇木表层菌丝化或基本长满菌丝的这段管理过程，需将接种好的菇木立即在菇场堆放。堆放的方法主要有覆瓦状和井字形堆放。

① 覆瓦状堆放法。适合较干燥的菇场，方法是在山坡上打两根有叉的木桩，架上一根横木，横木离地 30 ~ 40cm，将菇木靠上一排，8 ~ 10 根，每根之间保持 5 ~ 6cm 的空隙，然后再靠一根菇木作枕木，靠上第二排菇木。如此反复，似覆瓦般重叠。这样，菇木一端落地，使其充分吸收地表蒸发的水分。

② 井字形堆放法。井字形堆放有利于通风排湿，适合地势平坦、场地较湿的菇场，或在采菇后短期养菌时堆放菇木。一般底层垫上枕木，离地 10cm 以上，一层层井字形交错堆放，堆高 1.2 ~ 1.5m 为宜。然后覆盖树枝、茅草或塑料薄膜，防雨、保温、保湿。

堆放好的菇木应放到阴凉潮湿的环境中发菌，如果菇场自然遮阳不足，则要搭盖阴棚，让适量的阳光散射菇木，以利于发菌及抑制杂菌的生长蔓延。经 15 ~ 20d，接种口就长出白色菌丝圈。若一个月后还不见菌丝圈，应赶快补种。

（2）翻堆。菇木堆放 2 ~ 5 个月后，菌丝就已在菇木中生长蔓延。由于菇木所处位置不同，温、湿度条件不同，发菌效果也不同。为使菇木发菌一致，此时要进行翻堆，把上下里外的菇木互相调换位置，并加强通风换气和调节菇木湿度，使菌丝继续蔓延。重在以遮阳、通风、防杂菌、促进菌丝进一步生长为主。每月翻堆一次，把菇木上下左右的位置调头换位、相互调整，从而使菌丝生长一致。雨后天晴时要及时翻堆，旱季或高温季节必须进行喷水保湿。应根据菇木的干燥程度给菇木喷水保湿。勤翻堆可加强通风换气，抑制杂菌污染。翻堆时要避免损伤菇木树皮。一般经过 8 ~ 10 个月的培养，菌丝就逐步发育成熟，在适宜的条件下即可出菇。

5. 出菇期的管理

（1）补水催蕾。成熟的菇木经过 8 ~ 10 个月的发菌，往往大量失水，同时菇木上子实体原基开始形成，并进入出菇阶段，对水分和湿度的需求随之增大。菇木中水分若不足，就影响到出菇，因此要补水。补水必须一次补足，出菇才整齐，并保证菇蕾正常生长，达到高产优质的目的。补水的方法主要有浸水和喷水两种。浸水就是将菇木浸于水中 12 ~ 24h，一次补足水分。喷水是首先将菇木倒地集中在一起，然后连续喷水 4 ~ 5d，须做到勤喷、轻喷、细喷，要喷洒均匀。

（2）架木出菇。补水后，菇木内菌丝活动达到高峰，在适宜的温差刺激下，菌丝很快转向生殖生长，菌丝体在菇木表层相互扭结，形成菇蕾。为了有利于子实体的生长，便于采收，菇木就应及时摆放在适宜出菇的场地，并摆放为一定的形式，即架木出菇。架木出菇主要有人字形架木出菇和覆瓦状架木出菇两种方式。

① 人字形架木。在地面栽上一排排树丫做桩，上面架一个横木，横木一般距地面60～70cm，两根树丫之间距离为5～10m。比较湿的菇场可稍架高些，较干燥的菇场可架低些。然后将菇木一根根地交叉排列斜靠在横木两侧，大头朝上，小头着地，每根菇木之间留有5～10cm的空隙，有利于子实体接受一定的阳光、正常生长，并且方便采摘。架与架之间留下作业道，一般宽30～60cm。

② 覆瓦状架木。即在菇场架高30cm木垫石或木桩，架上枕木，排放上菇木，大头搁在枕木上，小头着地，每根菇木之间距离10～15cm。菇木上端距离地面50cm左右。比较干燥的菇场菇木要架得低些，以利于菇木吸收水分；较潮湿的菇场，架木要高些，以利于通风排湿。架与架之间留下作业道。

人字形架木方式采菇方便，但占地面积大，菇木水分散失多，不利于保湿，是潮湿地区菇场常采用的方式。覆瓦状架木出菇方式占地面积小，排放同样数量的菇木，只占人字形架方式一半的场地。生产时应因地制宜，选择适宜的架木出菇方式。

自然条件下，段木栽培在北方一般春秋菇产量不高，只有夏季才是香菇的盛产期；而在南方则是春秋季产量高。在北方春秋季的出菇管理，要特别注意保温保湿，尽可能延长产菇期。出菇期要多喷水保湿，防止干热风对菇木的侵袭。在秋末冬初还要加强保湿措施，严防寒潮的危害。

在出菇过程中，尽可能创造条件使其多出花菇。花菇指菇盖表皮有花纹的香菇。花菇是香菇个体在生长过程中，受温差、干湿等不良环境刺激，菇体表皮细胞增生不同步，导致表皮开裂，菌盖形成纹理的一种现象。花菇是香菇中的上品，肉质肥厚，柄短，菌盖半球形，表面龟裂呈明显的白色花纹，吃起来细嫩鲜美，有浓郁的香味。花菇形成应具备的条件为：菇木内菌丝发育良好，积累了足够的营养；菇木中含有刚好能供给子实体生长所需的水分，以40%～50%最合适；菇蕾形成后，环境较干燥，空气相对湿度在70%以下，干湿差在15%左右；温度能够保证其子实体缓慢生长，温差持续在10℃左右；光照充足，三至五成以上的直射光。

6.采收

当香菇子实体长到七八成熟时，菌盖尚未完全展开，边缘稍内卷呈铜锣边状，菌幕刚刚破裂，菌褶已全部伸直时，就应适时采摘。如采摘过早会影响产量，过迟会影响品质。采摘香菇的方法为：用拇指和食指捏住菇柄基部，轻轻旋转拧下来即可。注意不要碰伤未成熟的菇蕾。菇柄最好要完整地摘下来，以免残留部分在菇木上腐烂，引起病虫害，影响以后的出菇。采收香菇后，要轻拿轻放，小心装运，防止挤压破损影响香菇质量。

7.越冬管理

菇木越冬管理的主要任务是，将菇木堆放在避风向阳的地方，适当覆盖，保温保湿，培养菌丝体。立春以后，气温逐渐回升，则应适时浇水催菇，清理出菇场地，为夺取段木种菇的高产优质做好准备。

在较温暖的地区，段木栽培香菇的越冬管理较简单，即采完最后一潮菇后，将菇木倒地、吸湿、保暖越冬，待来年开春后再进行出菇管理，南方越冬可以使菇木得以休整，菌丝仍能缓慢生长，为来年出菇积累更多的养分。在北方寒冷的地区，一般都要把菇木井字形堆放，再加盖塑料薄膜、草帘等保温保湿安全越冬，北方越冬可以使菇木内菌丝保持活力，以便来年生长和出菇。

（二）代料栽培

段木栽培需要大量木材，我国是林业资源匮乏的国家，因此，段木栽培仅局限于少数地区。代料栽培可以综合利用农林产品的下脚料，把不能直接食用、经济价值极低的纤维性材料变成经济价值高的食用菌，节省了木材，充分利用了生物资源，变废为宝，并且有效地扩大了栽培区域。香菇代料栽培原料来源广、资源充足、方法简单、成本低，并可缩短生产周期，有利于工厂化生产提高产量，达到收效快、效益好的目的。代料栽培为香菇生产开辟了一条新途径。

代料栽培香菇主要分成压块栽培和袋栽两种方式。压块栽培是把栽培种直接做成菌块，使其现蕾出菇的方法；香菇袋栽是较新的一种栽培方法，即把发好菌的袋子脱掉后直接在室外荫棚下出菇。两种栽培方法所用的培养料和基本生产工艺相同，只是袋栽省去了压块工序，减少了污染的机会，更适合于产业化大规模生产。

1.确定栽培季节

选择栽培季节是香菇栽培的重要技术环节之一。香菇在中温条件下发菌，24～27℃的温度最适于菌丝生长；低温条件下出菇，其中15℃左右的温度最适于出菇。同时，香菇出菇需要变温刺激，一定的温差有利于子实体的分化。因此，在自然栽培条件下，立秋之后（8—9月）即可栽培接种。栽培接种期当地平均气温不超过26℃，从接种日算起往后推60d为脱袋期，当地平均气温不低于12℃。

2.菌种制备

香菇是中温恒温发菌，低温变温结实的食用菌。应选择品质好、产量高、适合当地栽培的优良代料栽培香菇品种。按照常规方法用小袋或菌种瓶制成栽培种。接种时菌龄一定要适宜。

3.培养料的选择

袋栽香菇的培养料可用棉籽壳、玉米芯、木屑、豆秸粉、麦粉、花生壳、多种杂草等，但其中仍以棉籽壳、木屑培养料栽培香菇产量较高。辅料主要是麸皮、米糠、石膏粉、过磷酸钙、磷酸二氢钾、蔗糖、尿素等。培养料要求洁净、干燥、无霉、无虫。培养料的配方很多，常见的有以下几种。

（1）木屑78%，麸皮或米糠20%，石膏粉1%，蔗糖1%。

（2）木屑76%，麸皮18%，玉米芯2%，石膏粉2%，过磷酸钙0.5%，蔗糖1.2%，尿素0.3%。

（3）木屑63%，棉籽壳20%，麸皮15%，石膏粉1%，蔗糖1%。

（4）棉籽壳76%，麸皮20%，石膏粉1.5%，过磷酸钙1.5%，蔗糖1%。

（5）棉籽壳40%，木屑35%，麸皮20%，玉米粉2%，石膏粉1%，过磷酸钙1%，蔗糖1%。

（6）玉米芯50%，棉籽壳30%，麸皮15%，玉米粉2%，石膏粉1%，过磷酸钙1%，蔗糖1%。

（7）玉米芯50%，木屑26%，麸皮20%，蔗糖1.3%，石膏粉1%，过磷酸钙1%，硫酸镁0.5%，尿素0.2%。

（8）稻草62%，木屑15%，麸皮19%，蔗糖1%，石膏粉1.5%，过磷酸钙1%，尿素0.3%，磷酸二氢钾0.2%。

（9）野草76%，麸皮或米糠20%，石膏粉2%，过磷酸钙1%，蔗糖1%。

4.原料处理

作物秸秆要切成1～2cm的小段，并浸泡水中软化处理。玉米芯在使用前应先在太阳光下暴晒2～3d，然后粉碎成玉米粒大小，但不应太细，否则透气性太差。以木屑为主要原料时，最好添加一些棉籽壳，从而使培养基更为结实，富有弹性，有利于香菇菌丝生长和后期补水。棉籽壳、玉米芯在栽培料中比例过大，脱袋出菇时易折断菌棒。栽培料中的麸皮、尿素不宜添加太多，否则会引起菌丝徒长，难以转色出菇。木屑要用阔叶树木屑，而且存放几年的陈木屑栽培效果更好，过筛，剔除料中的木块及有棱角的尖硬物，以防装料时刺破塑料袋，引起杂菌污染。

5.拌料

无论是采用机械拌料还是人工拌料，均以培养料各成分搅拌均匀为目的。拌料时，先将木屑、棉籽壳、玉米芯等主要原料和不溶于水的麸皮、玉米面等辅助原料按比例称好后混匀，再将易溶于水的糖、过磷酸钙、石膏粉等辅料称好后溶于水中，拌入料内，充分拌匀。调节含水量为55%～60%，即手握培养料时，指缝间有水渗出，但不下滴为宜。一般pH值为5.5～6.5。拌料的目的是使各种原料与水充分混合，使菌丝能充分地吸收基质中的营养，正常生长。因此，拌料时一定要认真充分地搅拌，使各种原料和水在培养基中均匀分布，给菌丝生长创造一个良好的、舒适的生长环境。

6.装袋

培养料配制好后要立即分装，不可过夜，配制好后与灭菌之前的间隔不可超过8h，最好在6h内完成。在高温条件下，料内的自然微生物会大量繁殖，产生不利于香菇生长的毒素，且影响灭菌。分装时，先将塑料筒一端扎紧，不可留有缝隙，以免接种后污染。

装足料后，扎紧另一头。分装时要特别注意松紧适度，上下一致。装袋的方法有机械装袋和手工装袋两种方法。手工装袋的方法是将料塞进袋内。当装料 1/3 时，把袋子提起来，将料压实，使料和袋紧实，装至离袋口 5 ~ 6cm 时，将袋口用棉绳扎紧。装好的合格菌袋，表面光滑无突起，松紧程度一致，培养料坚实无空隙，手指按坚实有弹性，塑料袋无白色裂纹，扎口后，手抖料不散，两端不下垂。一般来说，装料越紧越好，虽然菌丝生长慢些，但菌丝浓密、粗壮、生命力强，袋均产菇多、质量好；相反，料松，空隙大，空气含量高，菌丝生长快，呼吸旺盛，消耗大，出菇量少，出菇小，品质差，而且料松易受杂菌污染。大规模生产时，最好用装袋机。这样既能大大提高工作效率，又能保证装袋质量。

7. 灭菌

装袋后要及时灭菌。装锅时，塑料袋应直立排放于锅内，常压采菌要求 100℃保持 14 ~ 16h。高压灭菌 121℃保持 2h。

8. 接种

接种前要先做好消毒工作，接种环境、接种工具、接种人员都要按常规消毒灭菌。将灭菌后的菌袋移入接种室，待料温降至 30℃以下时接种。香菇常用的是菌袋侧面打穴接种的方法。先用 70% ~ 75% 酒精棉球擦净料袋，然后用木棍制成的尖形打穴钻或空打孔器，在料袋正面消过毒的袋面上以等距离打接种穴（每袋打 4 ~ 5 个穴，一面打 3 个，相对一面错开打 2 个）；再用无菌接种器或镊子取出菌种块，迅速放入接种穴内。尽量按满接种穴，最好菌种略高出料面 1 ~ 2mm；用胶布或胶片封口，再把胶布封口顺手向下压一下，使之粘牢穴口，从而减少杂菌污染。接种时忌高温高湿。

9. 发菌

接种后，料袋放入培养室内控温发菌，室温控制在 22 ~ 26℃，空气相对湿度控制在 70% 以下，并注意通风换气，保持室内空气新鲜和黑暗条件。发菌时多采用井字形堆放，每层排 4 袋，依次堆叠 5 ~ 10 层，堆高 1m 左右，接种穴侧于两边，以利于通风换气，促进菌种萌发定植。温度高，堆放的层数要少，反之，要多些。培养至第 7d 时，菌丝已定植，开始第一次翻堆，以后每隔 7 ~ 10d 翻堆一次。翻堆可以使菌袋发菌均匀，同时有利于捡出杂菌污染的菌袋。翻堆时尽量做到上下、内外、左右翻匀，并且轻拿轻放，不要擦掉封口胶布或胶片。接种 15d 后接种穴菌丝呈放射状蔓延，直径达 4 ~ 6cm，可将胶布对角撕开一角或在周围刺孔透气，以增加供氧量，满足菌丝生长。20 ~ 25d 后菌丝圈可达 8cm 左右。接种 30d 后，菌丝生长进入旺盛期，新陈代谢旺盛，此时菌袋温度比室温高出 3 ~ 4℃，应及时把穴口上的胶布撕掉，并加强通风管理，把室温降到 22 ~ 23℃。经 50 ~ 60d 的培养，菌丝即可长满菌袋，在接种穴周围出现菌丝扭结形成的瘤状物。菌丝会分泌黄水，此时要把袋内黄水及时排除，否则，会引起培养料的腐烂。此时，菌丝已生理成熟，准备脱袋出菇。

10.脱袋

要准确把握脱袋时间，即菌丝达到生理成熟时脱袋。脱袋过早难以转色出菇，产量低；脱袋太晚，菌丝已在袋内分化形成子实体，出现大量畸形菇，且菌丝分泌色素积累，使菌膜增厚，影响原基形成和正常出菇。脱袋的最适温度为16～23℃。高于25℃，菌丝易受伤；低于10℃，脱袋后转色困难。脱袋应选无风天气，刮风下雨或气温高于25℃时停止脱袋。脱袋时用刀片沿袋面割破，剥掉塑料袋使菌棒裸露。脱袋后，要及时起架排场。常采用梯形菌棒架为依托，脱袋后的菌棒在畦面上呈鱼鳞式排列。架子的长和宽与畦面相同，横杆间相距20cm，离地面25cm。在菌棒架上搭拱棚，覆盖塑料薄膜用于保温保湿。菌棒放于排棒架的横条上，立棒斜靠，与地面成60°～70°夹角。

11.转色

脱袋后进入菌棒转色期。脱袋排场后，3～5d内尽量不掀动薄膜，保温保湿，以利菌丝恢复生长。5～6d后，菌棒表面长出一层浓白的香菇绒毛状菌丝，开始每天通风1～2次，每次20min，促使菌丝逐渐倒伏形成一层薄薄的菌膜，同时开始分泌色素，吐出黄水。此时应掀膜，往菌棒上喷水。每天1～2次，连续2d，冲洗菌棒上的黄水。喷完后再覆膜。菌棒开始由白色略转为粉红色。通过人工管理，逐步变为棕褐色。正常情况下，脱袋后12d左右，菌棒表面形成棕褐色的像树皮状的菌被，即转色。影响菌棒转色的因素很多，科学处理好温度、湿度、通风、光照之间的关系，是菌棒转色早、转色好的关键。转色后的菌膜就相当于菇木的树皮，具有调温保湿的作用，有利于菌棒出菇，并对菌棒起着防污染的作用。转色过程中常因气候的变化和管理不善，出现转色太淡或不转色，或转色太深、菌膜增厚，这些都会影响正常出菇和菇的品质。

一般来说，菌棒转色的快慢、颜色的深浅、色泽的明暗与出菇早晚、稀密、大小及质量均有密切的关系。转为深褐色的出菇迟，菇稀，菇体大，质量好，产量中等。转为红褐色的出菇正常，稀密适当，菇体中等，质量好，产量高。转色后表面呈黄褐色、表皮呈灰白色的，出菇早、密、体小，质量差，产量中等偏低。

12.出菇管理

脱袋转色后的菌棒，通过温差、干湿差、光暗差及通风的刺激，就会产生子实体原基和菇蕾。香菇菇期长达6个月，管理上要根据气候条件，采取相应措施尽量创造适宜的生长发育条件。

（1）秋菇管理。从出菇至第一次浸水前的这段产菇期均属秋菇期。秋菇期菌棒营养最丰富，菌丝生长势也最为强盛，棒内水分充足，自然温度较高，出菇集中，菇潮猛，生长快，产量高。

香菇属变温结实性真菌，在自然状态下，随昼夜温差变化形成子实体。代料栽培，菌棒转色后，人为拉大菇床温度变幅，白天将塑料薄膜罩严菇床，提高温度，到了晚上，气温回落到低点时，又将薄膜敞开降温，造成8℃以上的温差变幅，连续刺激3～4d，即可出现菇蕾。变温刺激时，也应注意水分管理，掌握阴天少喷水、雨天不喷水、晴天多喷水的原则，适当喷水，维持90%左右的相对湿度。

初生菇蕾长出后，母体处于营养最丰富阶段，加之气温较高，生长速度较快。应加强通风换气，覆好遮阳物。晴天中午去薄膜、以降低温度，避免子实体生长过快，减少开伞菇、薄片菇的形成。采菇后，停止喷水，增加通风次数，待采菇部位培养基长出菌丝后，再拉大温差刺激催蕾。

（2）冬菇管理。从11月下旬至翌年2月底为冬菇管理期，这段时期内气温低，一般在10℃以下，香菇原基形成受阻，子实体生长缓慢，在自然情况下，产菇量少。但冬菇质量高，含水量低，烘干率高，价值也高。所以，促进菇蕾形成，提高冬菇产量，是冬管的主要目标。

适时浸水，保温催蕾。秋菇采收后，气温下降，进入冬季，菌棒内水分消耗较多，应及时补充水分。菇已采净，明显变轻的菌棒，两头用粗铁丝打3～5个10cm深的洞，排放于浸水池中。放满后，先用木板及石块压好后，再向池内注水。将菌棒全部淹到水中。第一次浸水2～5h，将浸好的菌棒捞出，待表面水分晾干后催蕾。催蕾可在室内也可在菇棚向阳一侧进行。先在地面上铺一层稻草或草帘，上铺塑料薄膜。将菌棒如同发菌期一样堆积，并覆盖塑料薄膜、草帘或其他保温材料。提高堆内温度，促使菇蕾产生。催蕾的前两天不要动保温材料及薄膜，第3d后，每天上下午各通风一次，第5d要翻堆，把现蕾的菌棒挑出来排床管理，剩余的按上述操作循环进行。

（3）春菇管理。从3月开始到栽培结束为春菇期。春菇产量占到总产的45%左右，香菇的产出主要在4月以前。5月以后，气温逐步升高，条件很快就不适宜代料香菇生长，如果棒内营养物质还未转化完，高温季节将限制出菇。

早春气温变幅大，原基易形成，生长快。连续采收易导致菇体变小，肉变薄，质量差。要保证质量，提高产量，必须控制子实体形成速度与数量，可采用间苗的办法及时去掉弱小的原基，保证营养集中供给。缩小昼夜温差，延长通风时间。随着气温的升高，水分蒸腾加快，床内湿度变化较大，菌棒表面容易失水，要细水多喷。

结合浸水，适当加入氮、磷、钾速效肥及微量元素，每100kg水中加尿素0.2kg、过磷酸钙0.3kg、磷酸二氢钾0.1kg，补充棒内养分，提高产量与质量。春菇每采完一茬后，让菌棒休养，恢复数日，然后浸水，浸水时间要适当延长。达原重的90%左右较合适。

13.采收

香菇采收要严格遵循采收标准，才能提高香菇的质量和产量。香菇子实体以八分熟为宜，在菌盖边缘稍内卷呈铜锣边状，未开伞，无孢子弹射或刚出现孢子弹射时采摘。用拇指和食指捏住菇柄基部，轻轻旋转拧下来即可。采大留小，菇采后不能有残留，以免引起菌棒腐烂。

第二节　糙皮侧耳

一、概述

糙皮侧耳（*Plenrotus ostreatus*）又名平菇、蚝菇、蚝菌、秀珍菇等。属真菌界（Fungi）担子菌亚门（Basidiomycotina）伞菌纲（Agaricomycetes）伞菌目（Agaricales）侧耳科（Pleurotaceae）侧耳属（*Pleurotus*）。侧耳属真菌的子实体成熟时，菌柄多侧生于菌盖的一侧，形似人体的耳朵，故称侧耳。目前，我国已发现的食用侧耳有30多种，进行人工栽培的主要有糙皮侧耳、美味侧耳、鲍鱼侧耳、白黄侧耳、栎平菇、佛罗里达侧耳、凤尾菇、金顶侧耳、红平菇等。平菇原是专指糙皮侧耳，现在常将侧耳属中一些可以栽培的种或品种泛称为平菇。平菇按色泽可分为深色种、浅色种、乳白色种和白色种；按孢子量可分为多孢品种、少孢品种、无孢品种；按出菇温度可分为低温种（出菇适温10～15℃）、中低温种（出菇适温13～18℃）、中高温种（出菇适温16～24℃）、广温种（出菇适温18～26℃）和高温种（出菇适温20～24℃）。

平菇肉厚质嫩、味道鲜美、营养丰富，是高蛋白低脂肪的保健食品。蛋白质含量占干物质的10.5%，人体必需氨基酸的含量为蛋白质含量的39.3%。平菇除了含有人体必需的8种氨基酸外，还含有丰富的维生素B_1、维生素B_2和维生素D原（麦角甾醇）。平菇性味甘、温，具有追风散寒、舒筋活络的功效，可用于治腰酸、腿疼、手足麻木、筋络不适等病症。平菇不含淀粉，脂肪含量极少，经常食用平菇，对降低血压、减少胆固醇有明显作用。由于平菇含有蛋白多糖体，对肿瘤细胞有较强的抑制作用，能增强人体免疫功能，具有延年益寿的功效。

平菇属木腐菌，分解纤维素、木质素的能力较强，因而栽培原料十分广泛，人工栽培时可以使用棉籽壳、玉米芯、秸秆等农副产品下脚料做培养料。平菇生长旺盛，适应性强，在世界各地均有分布。我国平菇栽培始于20世纪40年代，当时主要以木屑为培养料，栽培规模小、数量少。随着栽培原料种类的增多及栽培技术的提高，平菇在我国绝大部分地区都能很好地生长。由于平菇具有适应性强、栽培方法简单、生产周期短、原料广泛、成本低、产量高、市场需求大等特点，因此越来越受到广大生产者和消费者的青睐。

【分类学地位】真菌界（Fungi），担子菌亚门（Basidiomycotina），伞菌纲（Agaricomycetes），伞菌目（Agaricales），侧耳科（Pleutotaceae），侧耳属（*Pleurotus*）

【俗名】平菇、蚝菇、蚝菌、秀珍菇

【英文名】oyster mushroom

【拉丁学名】*Pleurotus ostreatus*

二、形态特征及分布

【菌丝体】菌丝体白色，绒毛状，多分支，有横隔。在 PDA 培养基上，菌丝匍匐生长，有的形成黑头具小柄的无性孢子梗，气生菌丝旺盛，爬壁力强。颜色由白转暗时表示菌丝的发育已成熟。

【菌盖】菌盖直径 5～21cm，呈扇形、漏斗状或贝壳状，中部逐渐下陷，下陷处无毛或有棉絮状短绒。菌盖表面一般较光滑湿润，菌盖边缘较圆整，平坦内曲，有时开裂，老熟时边缘呈波状上翘。菌盖颜色除了与品种和发育阶段有关，还与光线强弱有一定的关系，光线暗，颜色较浅；光线强，颜色较深。

【菌肉】肥厚，白色。

【菌褶】菌褶白色，质脆易断，在菌柄上部呈脉状直纹延生。

【菌柄】菌柄一般长 3～5cm，粗 1～4cm；白色、中实、上粗下细，基部常有白色绒毛覆盖，侧生或偏生。

【孢子】光滑、无色，圆柱形或椭圆形。成熟的孢子弹射在一起形成一层白色的粉末，有的品种略带褐色。（7～10）μm×（2.5～3.5）μm。孢子印白色。

【分布】我国四川、云南、贵州、河北、新疆、山西、内蒙古、吉林、陕西、西藏、江苏、黑龙江、辽宁、河南、浙江、安徽、福建、江西、山东、湖北、湖南、贵州、甘肃、广东和台湾等地。日本，以及欧洲、北美洲、非洲、南美洲的一些国家和地区亦有分布。

三、营养价值

【营养成分】平菇多糖；平菇素（蛋白糖）和酸性多糖体；麦角甾类化合物。

【功效】性平、温，味甘。健脾益胃，补益肝肾，祛风散寒，舒经活络。抗氧化和保湿；防治肝炎、防癌；甾醇在菌物抗菌抗肿瘤等方面起到了重要作用，同时也是生产“可的松”“黄体酮”等药物的前体物质。

四、生长发育条件及生活史

（一）营养条件

平菇属木腐菌，在自然界，平菇生长在朽木、枯枝及死去的树桩上。人工栽培时，平菇生长发育所需的碳素，如木质素、纤维素、半纤维素、淀粉、糖类等，主要来源于棉籽壳、玉米芯、木屑、稻草等农副产品的下脚料。简单的碳源如葡萄糖、有机酸、醇类等小分子化合物可直接被菌丝细胞吸收，而纤维素、半纤维素、淀粉等大分子化合物需要经酶分解成小分子化合物后才能被吸收利用，因此，在培养料中需添加糖、麸皮、米糠、玉米粉等栽培辅料。为了满足平菇对氮素的需求，可在培养料中添加蛋白质、酵母粉、酪蛋白酶解物、蛋白胨和酵母膏等。在平菇栽培中，营养生长阶段碳氮比以 20∶1 为宜，生殖生长阶段碳氮比以（30～40）∶1 为宜。

平菇生长发育过程中还需要矿物质元素，如磷、镁、硫、钾、铁等。在配制培养基时可加入 1%～1.5% 的碳酸钙或硫酸钙以调节培养料的酸碱度，同时有增加钙离子的作用。也可加入少量的过磷酸钙、硫酸镁、磷酸二氢钾等无机盐。平菇生长发育还需要微量的钴、锰、锌、钼等元素及维生素。培养料中一般含有微量元素和维生素，所以配料时不需要另外再添加。

（二）环境条件

1. 温度

平菇菌丝体生长温度范围 5～35℃，最适温度为 24～27℃，15℃以下菌丝生长缓慢，30℃以上生长速度减退，40℃时停止生长。子实体形成温度为 4～28℃，最适温度为 10～24℃，低于 8℃子实体生长缓慢，25℃以上子实体生长较快，但菌盖薄、易碎、品质差。平菇属于变温性结实菌，5～15℃的温差有利于子实体的分化。在适宜出菇温度范围内，温度越高，平菇生长越快，菌盖薄、质量差、颜色浅；温度越低，平菇生长慢，菌盖厚、质量好、颜色深。

2. 湿度

平菇含水量可达 90% 以上，水是其主要的成分。平菇菌丝生长发育所需的水分绝大部分来自培养料，培养料含水量为 60%～65% 最适。含水量高则透气性差，菌丝生长缓慢；含水量低则发菌缓慢，且出菇推迟。菌丝生长阶段要求培养室的空气相对湿度为 65%～70%。空气相对湿度大，培养料就会吸水，杂菌容易繁殖；但培养室过于干燥，培养料易失水不利于出菇。子实体生长发育时，菌丝的代谢活动比营养生长时更旺盛，因此湿度要比菌丝生长阶段更高，此时培养料的含水量为 65%～70%，空气相对湿度应为 85%～95%。低于 80% 时，子实体生长缓慢，菌盖边缘易干边或开裂；较长时间超过 95%，易烂菇，且在高温下易发生病虫害。

3. 光照

平菇在菌丝生长阶段不需要光照，光波中的蓝紫光对平菇菌丝有抑制作用。因此，发菌期间应给予黑暗或弱光环境。在出菇阶段需要一定的散射光，光线可诱导出菇和使菌盖发育，完全黑暗的条件下不能形成菇蕾。相比之下，较强的光照条件下，子实体色泽较深、柄短、肉厚、品质好；光照不足时，子实体色泽较浅、柄长、肉薄、品质较差。因此，栽培中要注意给予适当的光照。

4. 空气

平菇是好气性真菌，在生长发育过程中需要足够的氧气。在菌丝体生长阶段，要求周围环境空气新鲜、通风好。子实体发育阶段也需要空气新鲜，如果 CO_2 浓度高，会造成菌柄长、菌盖小，甚至会形成畸形菇，影响产量及品质。

5.酸碱度

平菇菌丝在 pH 值 3.5 ~ 9.0 都能生长，pH 值 5.5 ~ 6.5 最适宜。在栽培料灭菌、发酵及菌丝生长过程中都会产生有机酸而使培养料 pH 值下降，且平菇对偏碱环境具有忍耐力，因此在实际栽培过程中添加石灰粉将培养料的 pH 值调控在 7.5 ~ 8.5，还可以抑制杂菌滋生。

五、栽培技术

由于平菇的适应性、抗逆性较强，因此平菇栽培方式多种多样，且管理较粗放。平菇栽培场所常见的有阳畦、塑料大棚、温室、地下室、山洞、窑洞、大田等；按栽培容器不同可分为段木栽培、袋栽、瓶栽、箱栽、两段栽培、压块栽培等；按对培养料处理方法不同，可分为熟料栽培、生料栽培、发酵料栽培。应根据当地气候条件、栽培场所、原料等选择适宜的栽培方式。袋栽在封闭条件下发菌，有利于控制杂菌和病虫为害，提高栽培成功率；平菇能充分利用空间，减少占地面积，提高设施的利用率，且培养料来源广，如木屑、棉籽壳、玉米芯、稻草、酒糟等下脚料。因此，平菇袋栽是目前应用最广泛的栽培方法。

（一）栽培季节

平菇品种温型多，适宜于一年四季栽培。平菇栽培的季节主要取决于温度和栽培的方法，根据平菇在菌丝生长和子实体形成时期对温度的要求，在不同的季节播种应选择不同温度类型的品种。但是，平菇总体属于低温型，夏季温度较高，病虫害预防较困难，且采收后不易保存。平菇一般进行春、秋两季栽培，因为这时自然气温通常在 10 ~ 20℃，虽然菌丝生长慢，但也不利于各类杂菌的生长。春栽在北方 2 月底至 3 月底是适播期，南方较暖的地区播期要更早些，多在 2 月上旬至 3 月上旬，春播应选用中高温类品种及广温型品种。秋栽在北方 8 月底至 10 月中旬是适播期，南方要适当推后，一般在 9 月中旬以后，秋栽早播的可选用广温型品种、中高温、中温品种。

平菇生料栽培应选择在气温较低季节进行，因为这时环境中病原菌和害虫数量较少，栽培成功率较高；平菇熟料栽培一般根据品种的生物学特性来确定播种期；平菇发酵料栽培要避开高温季节以控制杂菌的生长繁殖。

（二）栽培前准备

1.菌种制备

根据当地的气候条件选择适宜栽培的平菇品种，且品质好、产量高、抗性强，菌丝生长旺盛，分解纤维素和木质素的能力强。

2.培养料配方

（1）木屑 78%，米糠或麸皮 20%，蔗糖 1%，石膏粉 1%。

（2）木屑 83%，米糠或麸皮 15%，蔗糖 1%，石膏粉 1%。

（3）棉籽壳 98%，石膏粉 1%，蔗糖 1%。

（4）棉籽壳 85%，米糠或麸皮 12%，蔗糖 1%，石膏粉 1%，过磷酸钙 1%。

（5）玉米芯 78%，棉籽壳 20%，蔗糖 1%，石膏粉 1%。

（6）稻草 74%，米糠或麸皮 24%，石膏粉 1%，过磷酸钙 1%。

（7）稻草 93.85%，石膏粉 1%，玉米粉 5%，尿素 0.15%。

3.拌料

拌料时，先将棉籽壳、玉米芯等主要原料和不溶于水的麸皮、玉米面等辅助原料按比例称好后混匀，再将易溶于水的糖、过磷酸钙、石膏粉等辅料称好后溶于水中，拌入料内，充分拌匀。将含水量控制在 60% ~ 65%。pH 值控制在 7.0 ~ 8.5。

（三）栽培方式

1.生料袋栽

食用菌培养料未经加温灭菌处理直接进行接种栽培的叫生料栽培。生料栽培由于培养料不经高温处理，操作简单易行，省工省时，培养料中养分分解损失少，如果管理措施得当，产量较高。但是生料栽培很难控制病虫害，如果在料内添加农药，会影响产品的安全性。而且生料栽培发菌慢，接种量也要增加。生料袋栽一定要选择新鲜、质量好、无污染的培养料，料拌好后要立即装袋、接种，要加大接种量，使菌丝快速生长。生料栽培装袋的常用方法有层接、混接和穴接 3 种。

（1）层接。采用开放式的接种方式。将用种量的 2/3 播于两头，1/3 播于料间，播完后为 4 层菌种、3 层料。具体做法是将筒袋的一头扎紧，装一层菌种，再装一层料，边装袋边压至松紧适度，依次装 3 层料，最后用菌种封料，再扎紧袋口。中间的两层菌种尽量靠近袋壁，以便于微孔透气时吸收氧气。

（2）混接。将 2/3 的菌种混于料中，1/3 的菌种播于两头。具体做法是将筒袋的一头扎紧之后，装 1/3 菌种的一半于袋底，再装混好菌种的料，边装边压至松紧适度，最后把 1/3 菌种的另一半播于袋料的上面，扎紧袋口。

（3）穴接。先将料装入袋内，扎紧袋口后，打穴再接种。具体做法是将袋一头扎紧后，边装料边压至松紧适度，再将袋的另一头扎紧。然后用消毒好的直径为 2.5 ~ 3cm 的锥形光滑木棒，在袋的一侧等距离扎 5 个接种穴，在袋的另一侧同样扎 4 个接种穴，两面的接种穴呈品字形。接种时，先将菌种掰成核桃大小的块，然后塞进接种穴，以塞满后略高出料袋为准。

2.熟料袋栽

装料时，先将袋的一头在离袋口 8 ~ 10cm 处用绳子（活扣）扎紧，然后装料，边装边压，使料松紧一致，装到离袋口 8～10cm 处压平表面，再用绳子（活扣）扎紧，将袋表面培养料清理干净。

装好的袋料要当天灭菌，防止酸败和杂菌滋生。不论常压灭菌或高压灭菌，装锅时菌袋要留有一定空隙并呈井字形摆在灭菌锅内，这样便于空气流通，灭菌时不易出现死角。常压灭菌要 100℃保持 14～16h，高压灭菌要 121℃保持 2h。灭菌后的料袋不宜放置太久，否则感染杂菌的概率会增大。

灭菌后的料袋放入熏蒸、消毒过的接种室内冷却后即可接种。平菇一般采用半开放式穴接和两头接种的方式。

（1）穴接。同生料栽培的穴接。

（2）两头接种。解开菌袋一头的袋口，用锥形木棒捣一个洞，洞尽量深一点，放一勺菌种在洞内，再在料表放一薄层菌种，接种后袋口套上套环封口。再解开另一头的袋口，重复以上操作过程。

3.发酵料袋栽

发酵料栽培具有工艺简单、投资少和污染少等特点，只要掌握了发酵技术，就可以在不消耗能源、不增加灭菌设备的前提下，以任意规模堆积发酵。发酵料堆制发酵时，堆内温度可达 63℃以上，能杀死培养料内病菌和虫卵，起到高温杀菌的作用；经过堆制发酵后的培养料质地松软、保水通气性能好，更利于平菇菌丝生长。所以，利用发酵料栽培是近期平菇生产的发展方向。制作好平菇发酵料，应掌握以下重要环节。

（1）建堆。建堆场所要选择地势较高、背风向阳、距水源近且排水良好的地方，最好是紧靠菇房的水泥地面。建堆时，先将料混合均匀，使培养料含水 65%～70%。堆的大小要适中，料堆四周尽量陡一些，建堆时将料抖松抛落。建堆后，用木棒在料堆上插通气孔，每隔 0.4m 插一孔，以利通气发酵，然后用塑料薄膜或草帘、稻草等覆盖，以便保温保湿，但 3d 后要去掉薄膜，以免通气不良，造成厌氧发酵。

（2）翻堆。翻堆可调节堆内的水分条件和通风条件，促进微生物活动，加速物质转化。平菇发酵料多在春秋堆制，建堆后 48～72h，温度可达 70～80℃。翻堆时必须将料松动，以增加料中含氧量，将堆内外、上下的培养料混合均匀，以便培养料发酵均匀，并喷水调节湿度和 pH 值，全部发酵过程 6～8d，翻堆 3～4 次。发酵时间不应过长，否则会大量消耗养分；但发酵时间太短则发酵不充分，达不到发酵目的。

（3）发酵料质量的检查。在建堆 48h 左右若能正常升温，开堆时可见适量白色菌丝，表示含水量适中，发酵正常。如建堆后迟迟达不到 60℃，可能培养料堆得过紧或因未插通气孔，造成堆料通气不良，不利于放线菌生长繁殖。遇此情况应及时翻堆，将料堆摊开晾晒或增加干料至含水适量，再重新建堆发酵。如果堆料升温正常，但开堆时培养料呈白化现象，是水分散失过多，可用 80℃以上的热水拌匀后重新发酵。发酵好的料有芳香味，pH 值为 6.5～7。

（4）装袋接种。装袋和接种方法同生料栽培。为了促进菌丝生长，接种后可再打 2～

3 个微孔，以利通气，促进菌丝生长。

（四）发菌管理

平菇接种后，温度条件适宜，才能萌发菌丝。菌袋堆积层数要根据气温而定，气温在10℃左右，可堆 3 ~ 4 层高；18 ~ 20℃，可堆 2 层；20℃以上时，可将菌袋以井字形排列3 ~ 5 层或平放于地面上，以防袋内培养料温度过高而烧死菌丝。发菌气温以 20 ~ 23℃为宜，且宜低不宜高，料温控制在 22 ~ 25℃为好，短时间内不应超过 28℃，最高不超过30℃。以较低温度发菌不仅成功率高，也有利于高产。在适宜温度、湿度和通风良好的条件下，经 20 ~ 30d 菌丝可长满培养料。要经常逐层检查菌袋的温度，尤其是排放在中间部位的菌袋，一旦发现菌袋温度过高，要及时疏散菌袋，同时采取在门窗外搭遮阳棚、墙内外刷石灰水等措施，降低墙面吸热率，采取此法，可将室温降低 4 ~ 5℃。空气相对湿度不宜过大，初期不超过 60%，如果空气相对湿度大，易发生杂菌污染，后期可相应增加空气相对湿度，以 60% ~ 70% 为宜。培养期间结合温、湿度情况进行通风。接种 5 ~ 10d 后，菌袋内菌丝迅速生长占领料面，此时菌丝生长旺盛，代谢作用增强，分解基质产生的 CO_2 增多，特别是未经发酵的料在袋内易升温，因此，这一阶段应以散热、通风为主；接种后25 ~ 30d，菌丝生长速度加快，代谢、呼吸作用更加旺盛，应增加通风换气次数和时间，保证发菌场所的空气新鲜。整个发菌期间不需要光照，要进行遮光处理。发现污染的菌袋应及时处理。

（五）出菇管理

1. 原基形成期

菌丝长满后 3 ~ 5d，应增加光照、空气相对湿度并通风换气。给予低于 20℃的温度和较大的温差处理，有利于刺激原基形成。

2. 桑葚期

当原基团长至米粒大时，即进入桑葚期。此时空气相对湿度控制在 85% ~ 90% 为宜，不可在菇蕾上喷水，以免激死菇蕾，应往墙上、地面喷雾状水。

3. 珊瑚期

半球形菇蕾继续伸长，此时菇柄形成。菇柄长短除与品种有关外，还与生长环境有关，应加强通风，温度控制在 7 ~ 18℃，空气相对湿度为 85% ~ 95%。

4. 形成期

这一时期主要为菌盖生长时期。要求温度在 7 ~ 18℃、空气相对湿度在 90% ~ 95% 为宜，并保持加强通风。

5. 成熟期

当菌盖达八分熟时，颜色由深变浅，菌肉厚，蛋白质含量高，适宜采收。总之，出菇阶段要加强出菇场所水分、光照和通风的管理。子实体生长需要大量水分，气温高的天气，蒸发量大，培养料与子实体极易干燥失水。因此要根据子实体生长的不同时期，采用向空间直接喷水的方法，保持空气相对湿度在85%～95%。此外，还要注意给予一定的散射光，并在清晨、晚间通风换气，保持充足的新鲜空气。

（六）采收

平菇一般以鲜销为主，应在平菇菌盖边缘尚未完全展开，孢子未弹射，颜色由深变浅时采收。此时菌盖边缘韧性好、破损率低、菌肉厚实肥嫩、菌柄中实柔软、纤维质低，且外观好、易贮藏、品质好。采收过早，产量低；采收过迟，菌盖翻卷开裂且菌肉老化，菌柄硬化，鲜味减退，大量孢子弹射，不仅降低产量，而且影响平菇的商品价值。

平菇采收前3～4h要喷一次水，但不宜过大，可保持菌盖新鲜、干净，不易开裂。采收时通常一手按住菇柄基部的培养料，一手捏住菌柄轻轻拧下，但不可硬拔，以免将培养料带起，影响下潮出菇；也可用刀在菌柄基部紧贴料面割下。采收后盛放的容器不要太深，以免菇体挤压菌盖破裂，且要顺向平放。

（七）采后管理

第一潮菇采收之后10～15d就会出现第二潮菇，共可收4～5潮，其主要产量主要集中在前3潮。在两潮菇之间是菌丝休整积累养分的时间，此时要清理菌棒表面的菇脚和死菇，防止其腐烂，引起病虫害。轻压菌棒并使老菌皮破裂，以利新菇再生。通风换气，并保持环境卫生。一周后按头潮菇管理法，浇出菇水和高温差刺激催蕾。以后管理均按头潮菇管理方法。

第三节 刺芹侧耳

一、概述

刺芹侧耳（*Pleurolus eryngii*），属于真菌界（Fungi）担子菌亚门（Basidiomycotina）伞菌纲（Agaricomycetes）伞菌目（Agaricales）侧耳科（Pleutotaceae）侧耳属（*Pleurotus*）。刺芹侧耳常发生于伞形科刺芹属刺芹的枯木上，因其有杏仁香味，故又称为杏鲍菇、杏仁鲍鱼菇。杏鲍菇菌肉肥厚、质地脆嫩，口感极佳，其菌柄组织致密，比菌盖更脆滑、爽口，被称为“平菇王”“干贝菇”。

杏鲍菇营养丰富，富含蛋白质、碳水化合物、维生素及钙、镁、铜、锌等矿物质，每100g杏鲍菇干品中含有蛋白质15.4g，脂肪0.55g，糖类52.1g，粗纤维5.4g，铁2.9mg，钙14.2mg，锌3.8mg，维生素C 25.3mg，维生素B_1 0.193mg和维生素B_2 1.43mg。杏鲍菇含有18种氨基酸，其中有8种人体必需氨基酸，占氨基酸总量的42%以上。与香菇、银耳和黑木耳干品相比，杏鲍菇蛋白质和灰分含量较高，而脂肪和总糖含量较低，特别适合老年人食用。经常食用杏鲍菇可降低人体胆固醇含量，且有明显的降血压作用，对癌症、胃溃疡、肝炎、心血管病、糖尿病也具有一定的预防和治疗作用，并能提高人体免疫力。

杏鲍菇是欧洲南部、非洲北部及中亚地区高山、草原、沙漠地带的一种伞菌，在我国四川、青海、新疆等地也有分布，是一种珍贵的食用菌资源。一般在春末至夏初腐生或兼性寄生于伞形科植物刺芹、阿魏、拉瑟草等的根部。杏鲍菇菌肉肥厚，菌柄粗壮，质地脆嫩，组织细密结实，开伞慢，孢子少，子实体耐贮藏，保鲜期长。杏鲍菇营养十分丰富，尤其杏仁味很受消费者青睐。此外，杏鲍菇干制品仍不失其特有的杏仁香味，口感鲜脆。由于杏鲍菇特有的韧性，烹饪时仍能保持其原有形态，食用时仍具脆嫩口感，所以杏鲍菇具有保鲜期长、耐长途运输、破损率低、烹调性好、制干后能保其风味等特点，其市场前景十分广阔。

【分类学地位】真菌界（Fungi），担子菌亚门（Basidiomycotina），伞菌纲（Agaricomycetes），伞菌目（Agaricales），侧耳科（Pleutotaceae），侧耳属（*Pleurotus*）

【俗名】杏鲍菇、刺芹菇、刺芹平菇

【英文名】king oyster mushroom

【拉丁学名】*Pleurotus eryngii*

二、形态特征及分布

【菌丝体】杏鲍菇初生菌丝为单核菌丝，白色、粗壮、不孕。双核菌丝浓密、粗壮、整齐、生长快、有锁状联合，在适宜的条件下可大量繁衍并产生子实体。

【菌盖】菌盖幼时呈弓形，后逐渐平展，成熟时其中央凹陷呈漏斗状，直径12~13cm。菌盖幼时呈灰黑色，随着菇龄增加逐渐变浅，成熟后变为浅土黄、浅黄白色，中央周围有辐射状褐色条纹，并具丝状光泽。

【菌肉】纯白色。

【菌褶】菌褶延生、密集、乳白色、不等长。每个担子上生4个担孢子。近白色至浅黄白色，中实，肉质，吸水性较强。

【菌柄】菌柄长2~8cm，直径0.5~4.0cm，不等粗，基部膨大，多侧生或偏生。

【孢子】椭圆形至纺锤形，孢子印白色。

【分布】我国福建、四川、青海、新疆和台湾等地。现已大量人工栽培。

三、营养价值

【营养成分】多糖；菌丝多糖；蛋白质。

【功效】增强机体免疫功能，具有抗病毒、抗癌、降低机体胆固醇含量、防止动脉硬化、润肠胃等多种保健功能，对肝脏、骨骼肌有明显的抗损伤作用；具有较强的自由基清除能力，抗衰老。

四、生长发育条件及生活史

（一）营养条件

杏鲍菇是一种具有一定寄生能力的木腐菌，具有较强的分解木质素、纤维素能力。栽培时需要丰富的碳源、氮源。氮源丰富时，菌丝生长旺盛粗壮，子实体产量高。杏鲍菇可利用的碳源物质有葡萄糖、蔗糖、棉籽壳、木屑、玉米芯、甘蔗渣、豆秸和麦秆等，可利用的氮源物质有蛋白胨、酵母膏、玉米粉、麸皮、黄豆粉、棉籽粉和菜籽饼粉等。实际栽培时，主料以棉籽壳、玉米芯为好，辅料除麸皮、玉米粉、石膏粉等外，有时添加少量含蛋白质高的棉籽粉、菜籽饼粉或黄豆粉等，可使子实体增大，并提高产量和品质。

（二）环境条件

1.温度

杏鲍菇为中偏低温型的菌类，菌丝在5～35℃都能生长，适宜温度为22～27℃，最适温度为25℃左右。杏鲍菇原基形成最适温度为10～15℃。子实体生长温度因品种不同而异，一般在8～20℃，最适温度为12～18℃，低于8℃不能形成原基，高于20℃时，易出现畸形菇，并易遭受病菌侵染，引起菇体变黄萎蔫。

2.湿度

由于出菇期间不宜直接往菇体上喷水，其所需水分主要靠培养料供应，因此，培养料含水量以60%～65%为宜。出菇阶段，培养料含水量保持在60%左右为宜，低于55%，出菇困难。菌丝生长阶段空气相对湿度以60%左右为宜；原基分化阶段以90%～95%为宜；在子实体发育阶段，可适当调低到85%～90%。

3.光照

杏鲍菇菌丝生长阶段不需要光照，光照过强，菌丝生长缓慢。子实体形成和发育阶段需要一定的散射光。出菇时，适宜的光照强度为500～1 000lx，应保持菇房内明亮。光照不足，子实体易畸形。

4.空气

杏鲍菇是好气性真菌。菌丝生长和子实体发育都需要新鲜的空气。但菌丝体对CO_2有较大的耐受性，可以在密闭的袋内、瓶内正常生长。子实体形成阶段，需要充足的氧气，CO_2的浓度应控制在0.1%以内，否则原基不分化而膨大成球状。子实体发育阶段，由于呼吸旺盛，必须有足够的新鲜空气，如通气不良，往往会出现柄长、盖小的畸形菇，CO_2浓度以小于0.2%为宜。

5. 酸碱度

菌丝生长的 pH 值范围为 4～8，最适 pH 值为 6.5～7.5，出菇阶段的最适 pH 值为 5.5～6.5。由于培养基灭菌后 pH 值会下降，菌丝的新陈代谢作用也会使 pH 值降低，因此，配料时常将 pH 值提高到 7.5～7.8。

（三）生活史

杏鲍菇的生活史与平菇相似。从担孢子萌发开始，产生单核菌丝，可亲和的 2 种不同交配型的单核菌丝质配，形成双核菌丝，双核菌丝发育成熟后，扭结分化成子实体，子实体菌褶上担子细胞先核配，经两次成熟分裂（包括 1 次减数分裂）产生单核的新一代担孢子。

五、栽培技术

（一）栽培季节

杏鲍菇适宜的出菇温度为 10～18℃，气温低于 8℃或高于 20℃都难于出菇。因此，各地应根据杏鲍菇出菇期间对温度的要求，合理安排好栽培季节。在自然条件下栽培，一般以秋冬和春末气温至 18℃的日期，提前 50d 制栽培菌袋为宜。我国地域广阔，气候千差万别，各地应因地制宜，确定本地区的最佳接种期。工厂化栽培的菇房气温可自行调节，出菇不受气候限制，一年四季均可生产，经济效益很高。

（二）菌种制备

要根据当地的气候条件，选择品质好、产量高、抗性强、菌丝生长旺盛的杏鲍菇品种。且根据播种时间推算出适宜的制种时间，以保证栽培使用的菌种有适宜的菌龄。

（三）培养料的配方

杏鲍菇栽培原料可选用棉籽壳、木屑、玉米芯、甘蔗渣、麸皮、米糠和玉米粉等。原料颗粒的大小也以粗细搭配为宜。除碳、氮源外，还应准备少量的石膏粉、石灰粉、磷酸二氢钾或糖等。杏鲍菇栽培一般采用多种原料进行复合配比，可以获得较好的效果。各种原料都要求新鲜、干燥、无霉变，常用配方有以下几种。

（1）棉籽壳 60%，木屑 20%，麸皮 10%，玉米粉 8%，磷酸二氢钾 0.2%，石膏粉 1%，石灰粉 0.8%。

（2）木屑 73%，麸皮 20%，玉米粉 5%，石膏粉 1%，蔗糖 1%。

（3）棉籽壳 78%，麸皮 15%，玉米粉 5%，石膏粉 1%，石灰粉 1%。

（4）玉米芯 50%，棉籽壳 30%，麸皮 15%，玉米粉 3%，石膏粉 1%，石灰粉 1%。

（5）木屑 38%，棉籽壳 20%，玉米粉 20%，麸皮 20%，石膏粉 1%，石灰粉 1%。

（四）栽培技术

杏鲍菇的主要栽培方法有熟料袋栽和覆土栽培两种。

1.熟料袋栽

（1）装袋灭菌。将配制好的培养料进行装袋时应边装边压，松紧适度，四周袋壁应尽量压紧，减少出菇时在袋壁空隙处形成原基，料袋用绳或套环封口。装袋完毕后要及时灭菌。常压灭菌要在100℃保持14～16h。高压灭菌在121℃保持2h。灭菌结束后，将料袋置于洁净处冷却。

（2）接种。待料温降至28℃以下时，即可在无菌室内接种。操作过程中应严格按无菌操作程序进行。

（3）发菌管理。接种完毕后，搬入消过毒的培养室内发菌，发菌期间的主要工作是控温、降湿、通风、遮光、清除染菌菌袋。培养室气温应控制在20～26℃，初期气温以25℃左右为宜。菌袋中温度上升后，室温应调低至22℃左右为好。整个发菌阶段，料温都不要超过28℃。料温过高，轻则阻碍发菌，影响后期产量；重则烧菌，导致栽培失败。发菌阶段，培养室应遮光，维持黑暗，空气相对湿度控制在70%以内，应经常通风换气，保持空气新鲜。每隔10d左右翻堆一次，使菌袋发菌均匀，同时捡出染菌菌袋。为加快菌丝生长，扎绳封口的菌袋应在菌丝封面并吃料2～3cm后扎孔透气。气温较高时，要注意防虫。在适宜的环境条件下，一般经40d左右菌丝可长满菌袋。

（4）催蕾。菌丝长满菌袋后，继续培养10d左右，可使其积累更多养分。当气温降至10～18℃时，就可进行催蕾管理。为了使杏鲍菇出菇整齐一致，可进行搔菌处理，具体做法是：搔菌一般在菌丝长满菌袋后进行，用小勺刮去袋口表层老菌种，并将袋口料面整平。搔菌后需要10d左右的菌丝恢复时间，菌袋在此期间可进一步成熟。如果袋口或菌袋中部已有原基形成，则不再进行搔菌，可以直接进入出菇管理。搔菌后要进行保湿管理，用塑料薄膜将袋口覆盖或用纸套将环口封住。约10d后，料面重新长出新的白色气生菌丝时，即可喷水增湿催蕾。催蕾期间温度控制在10～18℃，低于8℃或高于20℃都难于形成原基，最佳催蕾温度为10～15℃。催蕾期间，空气湿度应维持在90%～95%，增加散射光刺激，加强通风，保持空气新鲜。经过3～6d，即可出现白色原基，原基进一步分化形成菇蕾。

（5）出菇管理。当原基分化形成菇蕾时，应及时开袋进行出菇期的管理。开袋过早，原基难于形成或出菇不整齐；开袋过迟，子实体已在袋内长大形成畸形菇，严重时子实体会萎缩腐烂。如幼菇过密，可适当疏蕾，以保持菇体形美、个大、商品率高。

①温度。出菇阶段，温度应保持在8～20℃，最好控制在15～18℃。温度低于7℃时，子实体生长几乎停止。当温度过低时，子实体的菌盖表面多有瘤状物出现，商品性大受影响；当温度过高时，已形成的小菇蕾会萎缩死亡。不同生态型的杏鲍菇品种，对温度的适应性也有所不同，通常情况下，温度较高时子实体生长快，菇体小、易开伞、不洁白、品质差。因此，在子实体发育过程中，若气温偏高，应结合向地面喷水、夜间通风进行降温

处理；气温偏低，应适当关闭门窗，室外栽培加厚覆盖物，或采用人工加温办法，提高栽培室温度。

② 湿度。出菇前期空气相对湿度应保持在 90% 左右。当菌盖直径长至 2～3cm 后，可适当调低，控制在 85%～90%，有利于防止病虫害发生。当气温高，空气湿度低于 80% 时，应适当喷水降温增湿。注意尽量不要把水喷到菇体上，以免引起子实体黄化萎缩，严重时感染细菌而腐烂。采收前 2～3d，为了延长采后保鲜期，空气相对湿度控制在 85% 左右为宜。当一潮菇结束后，菌袋失水较多，可用注水法和浸水法给菌袋补水。

③ 光照。子实体发生和发育阶段均需散射光，光照强度以 500～1 000lx 为宜。光照过弱，易形成无头菇；光照过强，子实体易失水干燥，颜色不洁白，商品性下降。

④ 通风。子实体发育阶段应加大通风量，保持菇房内空气新鲜。当室温偏高，湿度偏大时，更要注意加强通风，避免高温高湿引起子实体腐烂和病虫危害。通风应与控温调湿统一管理。

2. 覆土栽培

覆土栽培有利于调温保湿，可显著提高杏鲍菇产量。

（1）覆土栽培的季节。由于杏鲍菇菌丝抗杂菌能力较弱，长满料袋后也易被木霉等杂菌感染，因此掌握好栽培季节是栽培成功的关键。根据杏鲍菇出菇对温度的要求和木霉等杂菌活动的特点，杏鲍菇脱袋覆土出菇应在气温低于 15℃时进行，当气温高于 18℃时，不宜进行脱袋覆土栽培，否则菌袋会被杂菌污染而腐烂。

（2）覆土材料。有团粒结构、通气性好、保水性好、土质疏松、吸水不板结、无病虫杂菌污染的菜园土、田土、河塘泥等均可用作覆土材料。先用 2% 甲醛和 0.1% 敌敌畏对覆土材料进行消毒杀虫、要求边喷边拌，然后用薄膜覆盖密闭处理 24～48h，最后按 2% 的比例添加石灰拌匀备用。

（3）作畦。畦宽 1.2～1.5m，长度不限，深度以能直立排放菌袋为宜，畦床之间应留出一定距离的过道，便于日常管理。

（4）覆土时期。菌丝长满菌袋后，先进行脱袋，选无杂菌、菌丝生长良好的菌袋，用刀把菌袋划破，完整地取出菌块，随后整齐地平铺横向放入畦床内，菌袋上覆盖 2cm 厚的土。

（5）出菇管理。覆土后喷水，并覆盖塑料薄膜。当土面上布满香鲍菇菌丝时，去膜通风，并保持一定的温度。出菇管理主要是进行保湿、控温和光照管理，诱导原基发生和促进菇蕾形成。温度要控制在 10～18℃，湿度管理以保持土壤湿润为主，并提供一定的散射光。杏鲍菇从原基形成到子实体成熟，一般需要 13～15d。

（五）采收

当子实体基部隆起但不松软、菌盖基本平展并中央下凹、边缘稍向下内卷但尚未弹射孢子时，即可采收。具体的采收标准可以根据市场需要而定，一般国际市场要求杏鲍菇菌盖直径为 4～6cm、柄长 10cm 左右为佳，而国内消费则要求不太严格，可根据产量等确定采收期，如产量高可适当提前采收。采收的子实体应立即去掉基部所带培养料，码放整齐以防菌盖破裂。

（六）采后管理

第一潮菇采收后，应及时清理料面，停水养菌 4～5d，调节好菇房环境。相隔 14d 左右，还可采收第二潮菇。杏鲍菇的产量主要集中在第一潮菇，占总产量的 70% 以上；第二潮菇朵形小，菌柄短，产量低。故工厂化栽培只采收一潮菇。若管理得当，杏鲍菇袋栽的总生物效率可达 50%～60%。如将采收一潮菇的菌袋再脱袋覆土栽培，可明显提高二潮菇的产量。

第四节　黑　木　耳

一、概述

黑木耳（*Auricularia auricula*）又名木耳、光木耳、云耳、细木耳、丝耳子等，属真菌界（Fungi）担子菌亚门（Basidiomycotina）伞菌纲（Agaricomycetes）木耳目（Auriculariales）木耳科（Auriculariaceae）木耳属（*Auricularia*），是温带常见的木腐菌。木耳属有 15～20 种，广泛分布于温带和亚热带，可食用的有黑木耳、毛木耳、皱木耳、角质木耳、盾形木耳、琥珀木耳、毡盖木耳、肠膜状木耳和大毛木耳。

黑木耳口味清新独特，营养丰富，含有较高的蛋白质、维生素、糖和矿物质，脂肪含量低。每 100g 黑木耳干品含蛋白质 10.9g。黑木耳含有 18 种氨基酸，其中有人体必需的 8 种氨基酸，尤以赖氨酸和胱氨酸的含量特别丰富。黑木耳含有脂肪 0.2g、碳水化合物 65.5g、总糖 22.8g、灰分 4.2g，灰分中含有钙 357mg、磷 201mg、铁 185mg，还有胡萝卜素 0.03mg、硫胺素 0.4mg、核黄素 0.73mg、抗坏血酸 8.2mg 等多种对人体有益的成分。黑木耳不仅营养丰富，还具有较高的药用价值。黑木耳含有大量胶质，对痔疮、痢疾、高血压、血管硬化、贫血、冠心病等症状具有防治效果，还有清肺和清除肠胃中积败食物的作用。黑木耳所含的多糖是酸性异葡聚糖，它的主要成分为木糖葡萄糖醛酸、甘露糖以及极少量的葡萄糖和岩藻糖。这种多糖能提高人体免疫力，对肿瘤有一定的抑制作用，经常食用能减少人体的血液凝块，缓和冠状动脉硬化，有防止血栓形成的功能。

黑木耳人工栽培始于中国，我国木耳生产早期以段木栽培为主，其主要产区在湖北、陕西、河南、四川和东北有耳树的山区。20 世纪 80 年代后，由于袋栽技术的迅速推广普及，且木耳生产没有严格的地区限制，栽培面遍及全国 20 多个省（直辖市、自治区）。黑木耳在我国的自然分布很广，北起黑龙江、吉林，南到海南，西自陕西、甘肃，东至福建、台湾。我国黑木耳不但产量高，而且片大、肉厚、色黑、品质好，产品远销日本及东南亚、欧美一些国家。因此，黑木耳生产发展前景广阔。

【分类学地位】真菌界（Fungi），担子菌亚门（Basidiomycotina），伞菌纲（Agaricomycetes），木耳目（Auriculariales），木耳科（Auriculariaceae），木耳属（*Auricularia*）

【俗名】木蛾、丁杨、树蕈、云耳、丝耳子

【英文名】wood ear；jews ear；eggpt ear

【拉丁学名】*Auricularia auricula*

二、形态特征及分布

【菌丝体】黑木耳菌丝体为有隔菌丝，无色透明，纤细，有分枝，粗细不匀，菌丝不爬壁，在试管内紧贴培养基表面匍匐生长，有锁状联合。黑木耳有气生菌丝，但较短而稀疏，后期颜色加深，菌块分泌褐色色素，出现污黄色斑块，培养基会因此而变成茶褐色，并产生分生孢子，使培养基表面覆有一层粉状物质。

【子实体】黑木耳的子实体单生为耳状或叶状，群生为花瓣状，有胶质，半透明。子实体形成初期似杯状，渐成扁平、圆形，成熟后边缘上卷中凹。子实体黑褐色，干后颜色加深，大小为0.6～1.2cm，厚度为1～2mm，有腹背两面。背面常呈青褐色，有绒状短毛，腹面光滑，有脉状皱纹，红褐色。子实层在腹面，光滑或略有皱纹。子实体干后强烈收缩为角质状，泡松率或干湿比为8～22倍。其内部结构属于无髓层而具有中间层的类型。从子实体的横切面的背面数起，分为6层。

1. 绒毛层

绒毛层由不孕的毛状细胞构成，由于它着生在表面，肉眼容易看出。毛长85～100μm，直径4.5～6.5μm，基部呈褐色，向上渐变浅，不分隔，无中线，常弯曲，顶端圆或渐尖削，绒毛不呈密丛。

2. 致密层

致密层宽65～75μm，由纤细的菌丝形成一个非常密的薄层，分不出单条菌丝。

3. 亚致密上层

亚致密上层宽115～130μm，由菌丝较疏松地组合而成，菌丝直径约2μm。本层呈粗糙颗粒状的外貌。

4. 中间层

中间层宽285～300μm，位于子实体中央，菌丝呈水平排列，有无数小空隙，菌丝直径1.5～2μm。

5. 亚致密下层

亚致密下层宽100～120μm，由较粗的菌丝结成较致密的菌丝网，菌丝直径2.5μm。

6. 子实层

子实层位于子实体的腹面，深褐色，厚约 150μm，由圆筒形担子紧密排列而成。担子有 3 个横隔，将担子分为 4 个细胞，每个细胞上产生 1 个小梗，上面着生担孢子。

【孢子】呈肾形，大小为（9～15）μm×（5～6）μm，光滑，无色。

【分布】我国四川、云南、贵州、黑龙江、吉林、河北、河南、陕西、甘肃、江苏、广西、福建、海南、山西、湖南、广东、西藏、青海、辽宁、内蒙古、浙江、安徽、江西、湖北、山东、宁夏、新疆和台湾等地。日本以及欧洲和北美洲的一些国家和地区亦有分布。

三、营养价值

【营养成分】粗蛋白、氨基酸、糖类及钙、磷、铁等人体所需的矿质元素；黑木耳多糖——甘露糖、葡萄糖、木糖和己糖醛酸；木耳黑色素。

【功效】中医认为黑木耳性平，味甘。具有活血止血，润肺益气，强身健脾的功效。现代医学认为黑木耳有抗凝血或抗血小板聚集活性；能降低血液中甘油三酯、脂蛋白胆固醇的含量（降血脂）、抗血栓；抗氧化、抗衰老；降血糖；抗肿瘤；抗辐射、抗突变；增强机体免疫功能。

四、生长发育条件及生活史

（一）营养条件

黑木耳在生长中，需要从基质中摄取碳源、氮源、矿物质和维生素等。黑木耳生长需要的碳源来自有机物，如葡萄糖、蔗糖、淀粉、纤维素、半纤维素和木质素等。在常见的碳源中，葡萄糖等小分子化合物可以直接被菌丝吸收利用，而纤维素、半纤维素、木质素、淀粉等大分子化合物必须由菌丝分泌的酶如纤维素酶、半纤维素酶和木质素酶分解成阿拉伯糖、木糖、葡萄糖、半乳糖和果糖后，才能被吸收利用。黑木耳菌丝体在分解、摄取养料时，能不断分泌多种酶，将大分子化合物分解成黑木耳菌丝体易于吸收的各种营养物质。氮源有蛋白质、氨基酸、尿素、氨、铵盐和硝酸盐等，其中，氨基酸、尿素、氨、铵盐和硝酸钾等小分子化合物能被菌丝体直接吸收，而蛋白质不能直接被利用，必须经蛋白质酶分解成氨基酸后才能被吸收。黑木耳生长所需的无机元素可分为大量元素和微量元素两类，大量元素有磷、镁、硫、钙、钾、锌等，黑木耳生长还需要铜、铁、锰、锌等微量元素。这些微量元素在普通水中的含量已能满足黑木耳生长发育的需要，一般不需要额外添加。黑木耳生长发育需要维生素，在培养基中添加维生素 B_1、生物素对菌丝生长有显著的促进作用，如维生素严重缺乏，菌丝会停止生长。

（二）环境条件

1. 温度

黑木耳属中温型菌类，耐寒不耐热。孢子萌发的最适温度为 22～30℃，温度过低或过高都不易萌发。菌丝在 4～36℃均能生长，最适温度为 22～30℃，在 14℃以下菌丝生长缓慢，在-30℃菌丝不会冻死，升温后菌丝仍可恢复生长；高于 30℃菌丝生长过快，细弱易衰退，38℃菌丝生长受到抑制甚至死亡。黑木耳子实体生长适温为 20～28℃，温度低于 15℃，子实体不易形成或生长受到抑制，高于 32℃时，子实体停止生长。

黑木耳在适温范围内，温度较低时，生长周期虽长，但菌丝体生长健壮，形成的子实体色深肉厚，质量好；温度越高，其生长发育快，菌丝徒长，纤细脆弱，易衰老，子实体色淡肉薄，质量差。若在高温、高湿条件下，子实体易腐烂，出现“流耳”现象。

2. 湿度

黑木耳在不同的生长发育阶段对水分的要求是不同的。人工栽培时，菌丝生长要求段木含水量为 35%～40%，袋栽的培养料含水量为 60%～70%，在菌丝生长阶段要求空气相对湿度在 60%～70%；子实体原基分化时耳木内的含水量要求达到 70%，空气相对湿度为 80% 左右；子实体生长发育时期则要求空气相对湿度为 85%～90%，这样可促进子实体迅速生长，耳丛大，耳肉厚。湿度低于 70%，则子实体不能形成，即使形成子实体也会干缩。

黑木耳属于胶质菌类，晴雨相间的天气，有利于菌丝向纵深生长蔓延，促进耳片的发育、展开。一次降雨可以吸收其干重 15 倍的水分。天晴后，耳片强烈收缩，具有较强的抗旱能力。干湿交替的水分管理法是目前人工栽培黑木耳增产的有效措施。

3. 光照

黑木耳各个发育阶段对光照的要求不同。黑木耳菌丝体生长不需要光线，光线抑制菌丝体的生长。但在完全黑暗的环境中子实体很难形成，子实体分化和发育必须有散射光。光线不足，子实体发育缓慢，色淡质薄，耳片小而薄。如光照充足，子实体生长健壮，色深肥厚，品质好。

4. 空气

黑木耳是好气性真菌。当空气中 CO_2 超过 1% 时会阻碍菌丝体生长，子实体成畸形，变成珊瑚状，耳片不易展开，失去商品价值；超过 5% 会导致子实体中毒死亡。因此，在黑木耳的生长发育过程中，必须保持足够的氧气供应，保持新鲜空气。在配料时，培养料的含水量不可太高，装瓶装袋时不能太满，以供给菌丝体生长所需的氧气。保持良好的通风条件，还可以避免烂耳和减少杂菌污染。

5. 酸碱度

黑木耳喜欢在酸性环境条件下生长，菌丝在 pH 值 4～7 均能生长，以 pH 值 5～6.5 为最适宜。pH 值在 3 以下或 8 以上时则难以生长。在代料栽培时，应将料的 pH 值适当调高一些为 6.5～7。

（三）生活史

黑木耳子实体成熟时，在其腹面的子实层上长出大量担孢子，担孢子成熟后，从小梗上脱落，在适宜环境条件下担孢子萌发长出芽管，伸长并分枝形成单核菌丝。单核菌丝通过质配后形成双核菌丝。双核菌丝通过锁状联合大量繁殖，形成肉眼可见的白色绒毛状菌丝体。菌丝体在适宜的条件下分化成子实体原基，进而形成耳片，进一步分化发育成富有弹性的子实体。子实体成熟后，又产生大量的担孢子，成熟后的担孢子弹射出来即开始新的生活周期。由单个担孢子萌发的菌丝，也能形成子实体，产生担孢子，完成单孢结实，这是黑木耳生活史中的一个小循环。

五、栽培技术

（一）段木栽培

1. 耳场的选择

耳场的选择应以黑木耳生长发育所需的条件为依据。理想的栽培场所是周围耳树资源丰富，避风向阳、温暖、潮湿的山坳或缓坡地带，要靠近水源，便于浇水管理，土壤为沙质土或杂有砂砾，有稀疏阔叶林遮阳的大面积空地。这样的场地空气清新，日照时间长，比较温暖，昼夜温差较小，早晚有云雾笼罩，空气湿度较大，不易积水，抗旱性强。耳场选好后，应清理场地，砍割灌木、刺藤，清除枯枝落叶，挖好排水沟，用漂白粉、生石灰等药物消毒，以减少病虫害的发生。

2. 耳木的准备

（1）耳木的选择。一般情况下，含有松脂、精油、醇、醚以及芳香性物质的松、杉、柏、樟等树种不适于做栽培黑木耳的树种，绝大多数的阔叶树都可用于栽培黑木耳，但不同树种栽培黑木耳的产量和质量存在差异，这主要是由于不同树种的木材结构、养分含量的不同而引起的。即使是同一种树，不同树龄、不同季节甚至不同生长场所其产量和质量也有差异。我国常用的耳树有栓皮栎、麻栎、枫杨、榆树、柳树、刺槐、悬铃木、槭树、桦树。各地应根据本地林木资源，选用当地资源丰富、易造林、更新力强、廉价的树种。耳树应选择边材发达、树皮厚度适中且不易剥落、耳木和黑木耳菌丝亲和力强、营养丰富、木质硬、组织紧密的树种。材质坚硬的耳树，由于组织紧密，透气性和吸水性差，菌丝蔓延慢，所以出耳略迟，但一经出耳便可收获数年；材质疏松的耳树，透气性好，吸水性强，因而菌丝蔓延快，出耳早，但树木易腐朽，生产年限较短。在选择耳树时，还应考虑适当的树龄和树径。树龄过小，皮层嫩薄，树径小，保湿和吸水性能差，材质中养分少，虽能早出耳，但产耳期短，产量低；树龄过大，则树皮厚，心材粗，有用的边材反而小，导致出耳慢且少，甚至不出耳。因此，一般应选择 5～15 年生、直径 6～15cm 的耳木。

（2）耳木的砍伐。耳木的砍伐期以树木进入冬季休眠到翌年未发新芽为宜，这时树木中储藏的养分多，含水量少，韧皮部和木质部结合紧密，伐后树皮不易剥落，还可保护菌种定植，因而接种成活率高，也有利于树木伐后萌蘖更新，同时由于气温低病虫害也较少。耳木砍伐还应选择晴天无雨时进行。

砍树的方法要求两面下斧，砍成"V"形，这样对于老树发枝更新有利。砍树时要求老树留 13～16cm 的桩，新树留 10～13cm 的桩，有利于树桩的萌芽。砍伐要与植树造林、发展林业生产结合起来，一般宜轮伐或间伐。砍树时提倡择伐，即选择适龄的砍，砍大留小；不主张皆伐，即不分树龄大小，一次砍完。这样，可避免浪费资源，有利于保护幼树，也有利于水土保持。

（3）剃枝。耳木砍伐后要进行剃枝，即把耳木上的侧枝削去。剃枝的时间因地区而异，南方一些地区多在耳木砍伐后 10～15d 进行剃枝，北方地区气候寒冷干燥，树木内含水量少，多在砍伐后立即剃枝，以减少枝叶消耗养分。剃枝时，用锋利的刀沿树干自下而上削去侧枝，削口要平滑，以减少杂菌污染。

（4）截段。截段就是将耳木截成 1m 左右的段木，截面要平整并用新鲜石灰水涂抹截面，以防杂菌污染。耳木长短要一致，便于架晒操作。

（5）架晒。架晒的目的是加速木材组织死亡，使段木干燥到适合接种的程度。架晒时要把段木粗细分开，以井字形堆垒在通风、向阳、地势高、干燥的地方。堆高 1m 左右，上面或四周盖上枝叶或茅草，防止暴晒而导致树皮脱落。每隔 10～15d 需翻堆一次，使其干燥均匀，雨天应用塑料薄膜覆盖以免淋雨回潮。一般经 1 个月左右，耳木含水量为 40%左右时接种，最适于菌丝生长发育。含水量的大小可根据耳木横断面裂纹来判断，一般细裂纹达到耳木直径的 2/3 时，就达到了适合接种的含水量。

3. 接种

（1）接种季节。接种为早春气温稳定在 5℃以上时进行。接种早，气温偏低，菌丝生长虽然缓慢，但杂菌污染机会少；接种太迟，气温高，易污染，并且出耳时间也相应推迟，不利于增产。应选择雨后初晴、空气相对湿度大、无风天接种。

（2）打孔。接种段木粗、材质紧，应适当密植，两面打穴，或者打几行穴；细段木可适当稀植，只打一行穴。用电钻或打孔器按照密度要求在段木上垂直打孔。一般孔深 2～2.5cm，孔径 1.5cm，孔距 6～8cm，相邻行的孔应交错呈品字形。由于黑木耳菌丝在段木中生长纵向大于横向，所以孔距应大于行距，菌丝才能迅速在段木上生长。

（3）接种。打孔后应尽快接入菌种，菌种类型有木屑菌种、枝条菌种、楔形木块菌种、圆形木块菌种和孢子液菌种等，以木屑菌种和枝条菌种使用较多。

① 木屑菌种接种。接种前，先用消毒的镊子去除菌种表面的菌膜，将菌种块从瓶内挖出，注意不要挖碎，以利于接种后菌丝恢复生长，避免杂菌污染，将菌种块填入打好的接种穴中，装满后轻轻压紧，使菌种与孔内壁接触，最后盖上稍大于孔口的树皮盖，用锤

敲紧，如无树皮盖，可涂一层蜡或用泥盖封孔。接种时不可用力硬压，以免压伤菌丝和挤出水分。

② 枝条菌种接种。在枝条菌种接种需要的孔径要略小于枝条菌种的直径，将枝条菌种用小锤敲入孔中，不需要树皮盖。接入的枝条菌种要与耳木树皮的表面相平，否则凹处易积水而感染杂菌和害虫，凸处又易在搬动中碰掉。

接种操作应在室内或室外荫蔽处进行，避免阳光照射，以防菌种干燥，影响成活率。

4.栽培管理

（1）上堆发菌。接种后，为使菌丝尽快恢复生长，要把耳木堆积在适宜条件下，使菌丝尽快萌发。上堆方法通常采用井字形或山字形堆垛法，一般将接种的耳木堆成1m左右高的小堆。排放时耳木之间应有5cm的间隔。接种早，气温低时，为了保温，可用塑料膜或其他材料覆盖，使堆内温度保持在20～28℃，空气相对湿度保持在70%左右。堆内温度较高时，可掀开四周薄膜通风换气，以免长时间高温烧菌。上堆一周后应翻堆，将每堆耳木上下、内外调换位置，使菌丝发育均匀，以后每隔两周翻堆一次。如发现孔内菌种发干或发黑，则是由于耳木过干或过湿造成的，应及时补接菌种。发现感染杂菌的耳木要及时处理，以防大面积污染。每次翻后应注意耳木干湿程度，干燥时应喷水增加湿度，喷后待树皮稍干再进行覆盖，以防杂菌滋生。

（2）散堆排场。散堆排场的目的是使耳木接受地面潮气、阳光、雨露和新鲜空气，有利于菌丝向耳木深处迅速蔓延，使其从营养生长转入生殖生长。排场的方法，常用平铺式排场，即用枕木将耳木的一端或两端架起，整齐排列在栽培场地上。如果场地是平地，以东西方向排成行；耳场是斜坡，耳木的小头向上呈横行排列。耳木与耳木之间相隔5cm，以留作业道。散堆排场期的管理主要是保证水分，如果湿度不够，则应在晴天早、晚各喷一次水，阴雨天停水，以免过湿造成杂菌生长。每隔10d将耳木上下翻转一次，使其吸湿均匀。20～30d后耳芽大量发生时，便可起架管理。

（3）起架。起架是黑木耳由菌丝生长进入结实采收的阶段。起架时，一般多采用人字形架。用两根长1.5m左右顶端有分杈的木桩，按南北向埋在地里，利于两边耳木受光均匀。将一根横木架在两木桩的分杈上，横木离地面60～70cm，然后将耳木按人字形依次斜放在横木两侧，立木角度以45°为宜，耳木间要留7cm左右的间隔，便于管理。耳木要经常换面，以利出耳。起架后，要创造黑木耳生长发育的适宜条件，温度、光照、湿度和通风要协调，其中仍以水分管理为主，保持“干干湿湿”的外界条件，是木耳高产优质的关键。空气相对湿度为85%～90%为宜。喷水的原则一般为晴天多喷，阴天少喷，雨天不喷。在早春和晚秋期间，喷水时间一般应在中午；在夏季、晚春和初秋，以傍晚喷水为宜，否则会出现水分蒸发快，耳片生长慢和烂耳、流耳、耳棒变质等不良后果。每次喷水要喷细、喷匀、喷足，让耳木吸到足够的水分。每次采收后，应停止喷水，让阳光照晒耳木3～5d，使其表面干燥，这样菌丝体可吸收养分恢复生长，然后再喷水管理，不久便产生大量耳芽。干燥几天以后的耳木第一次喷水时要喷足。

5.越冬管理

段木生产黑木耳，是一次接种，连续 3~4 年出耳，每年都要越冬。耳木越冬前，要偏湿管理，使其吸足水以备冬用。选择背风向阳温暖的场地作耳木的越冬场所。使用前先清扫干净，然后将耳木呈井字形堆放。上堆时要轻拿轻放，以防损伤树皮。并注意保温保湿，确保耳木中的菌丝安全越冬，翌年正常出耳。可在耳木上覆盖薄膜或其他保温材料，以保温保湿。

6.采收

黑木耳成熟后要立即采收。成熟耳片的标志是耳片舒展变软，肉质肥厚，耳根收缩变细，边缘内卷，耳片腹面产生白色粉末状的担孢子。耳片采收应在雨后晴天，黑木耳耳片已干，耳根尚湿润时采收。采收时用手指将整朵连同基部一起捏住，稍扭动，即可将耳片完整采下。这样采摘的黑木耳朵形完整，等级高。采收时不可强拉耳片，以免撕破耳片，影响质量。采收时要将耳根采摘干净，以免残根溃烂，引起病虫害。

（二）代料栽培

代料栽培是目前黑木耳普遍采用的一种栽培方式，以棉籽壳、木屑、秸秆、玉米芯等农副产品代替段木。这种栽培方法可节省大量木材，且具有工艺简单、生产成本低、生产周期短、黑木耳品质好等特点，是北方地区黑木耳栽培应用较广的栽培技术。代料栽培又有袋栽和瓶栽两种方式。下面主要介绍袋栽。

1.栽培季节

黑木耳为中温型食用菌，生长适温为 20~28℃，袋栽时要尽量避开 30℃以上的高温及 18℃以下的低温。北方地区根据当地的气候条件，一年可安排春、秋两季生产。春栽 1—3 月制袋接种，6—7 月出耳；秋栽 5—6 月制袋接种，9—10 月出耳。

2.菌种制备

黑木耳栽培应选择适于本地区栽培、菌丝生长速度快、抗杂能力强、菌龄合适、耳芽形成集中、抗性强、纯正无污染的菌种。

3.培养料的配方

（1）木屑 78%，麸皮 20%，蔗糖 1%，石膏粉 1%。

（2）木屑 49%，玉米芯 49%，蔗糖 1%，石膏粉 1%。

（3）木屑 45%，玉米芯 40%，麸皮 10%，玉米粉 2%，豆粉 1%，石膏粉 1%，石灰粉 0.5%，蔗糖 0.5%。

（4）木屑 30%，棉籽壳 30%，玉米芯 30%，麸皮 8%，蔗糖 1%，石膏粉 1%。

（5）木屑 87%，麸皮 10%，豆饼粉 2%，石膏粉 1%。

（6）棉籽壳 90%，麸皮 8%，石膏粉 1%，蔗糖 1%。

（7）棉籽壳 40%，玉米芯 40%，麸皮 18%，石膏粉 1%，蔗糖 1%。

（8）玉米芯 50%，木屑 30%，玉米面 10%，米糠 8%，石膏粉 1%，蔗糖 1%。

（9）玉米芯 79%，麸皮 20%，石膏粉 1%。

（10）稻草 40%，棉籽壳 50%，麸皮 8%，石膏粉 1%，蔗糖 1%。

（11）稻草 70%，木屑 20%，麸皮 8%，石膏粉 1%，石灰粉 1%。

4. 拌料

拌料时，先将棉籽壳、玉米芯等主要原料和不溶于水的麸皮、玉米面等辅助原料按比例称好后混匀，再将易溶于水的糖、过磷酸钙、石膏粉等辅料称好后溶于水中，拌入料内，充分拌匀。培养料含水量以 60%～65% 为宜。手握培养料，指缝中有水渗出但不下滴。pH 值应控制在 7.0～7.5。

5. 装袋

培养料拌好后要立即装袋。装袋时要求上下培养料松紧一致。装料松则保水性差，培养过程中料、袋分离，菌袋变形，菌丝老化快，且影响子实体的产生；装料紧则透气性差，灭菌不彻底，菌丝不易蔓延下伸。装袋后特别注意料袋要轻拿轻放，防止沙粒或杂物将袋刺破，引起污染。

6. 灭菌

装好的袋料要当天灭菌，防止 pH 值下降和杂菌滋生。常压灭菌要求在 100℃保持 14～16h。高压灭菌在 121℃保持 2h。

7. 接种

接种前要先做好消毒工作。当料温降至 30℃以下时接种，要严格按照无菌操作规程进行接种。用接种工具扒去原种上层的老化菌种。表面消毒后，先用打孔器在料袋上均匀打 3 个直径 1.5cm，深 2～3cm 的穴，然后取菌种放入穴中，菌种要略高于料面，接种后贴上胶布。

8. 发菌管理

接种完毕后，菌袋移入发菌场所。发菌场所要求黑暗环境，因为如果菌丝在生理成熟前出现耳芽，会对产量有影响。因此，发菌室要避光，菌丝将要满袋时，可进行曝光，诱发耳芽的形成。菌丝生长的适宜温度为 25～30℃，注意前期防低温，此期料温低于室温，室内应保持 25～28℃，以便菌丝迅速定植、吃料，并减少杂菌污染；中、后期防高温，发菌 15d 后，菌丝迅速生长、代谢活动旺盛，会产生热量使菌袋内温度高于室温，此时温度控制在 23～24℃，以免料温过高产生烧菌现象，并应适当通风，使发菌场始终保持空气新鲜。菌丝培育阶段要求 60%～70% 的空气相对湿度。在发菌期间，应经常检查杂菌污染情况，若发现有杂菌污染应及时处理，以免蔓延和污染环境。一般菌袋培养 40～60d，菌丝可长满菌袋，再培养 10d 左右，使菌丝充分吸收和积累大量营养物质，以达到生理成熟。

9. 催耳

当菌丝长满菌袋后，将菌袋用 0.1% 高锰酸钾溶液进行表面消毒，在无风晴天早、晚进行开孔。开孔有多种形状，如圆形、长方形、长条形、十字形、“V”形。以十字形孔为例：用消毒的刀片在菌袋上开长宽各 2cm 的十字形孔，每袋在其侧壁上开 4 行的孔，孔排成品字形，每袋可开 6～10 个。开孔时要尽量避免伤害孔口的菌丝。在栽培袋上开孔可以增加氧气和水分的供应，有效促进耳芽的定位形成，并可利用开洞的数量来控制子实体的数量。

10. 出耳管理

（1）温度。黑木耳子实体原基是在低温 18～20℃刺激下形成的。出耳阶段室温应控制在 20～25℃为宜，在此条件下出耳整齐、健壮。温度过高或过低会影响耳片的生长。

（2）湿度。在开孔上架后，应在室内地面浇一次大水，以水泥地面稍有积水为宜。一般从开孔至出现耳芽 3～5d 内，相对湿度不能低于 90%；耳芽至耳片分化 3～4d，相对湿度不能低于 85%；耳片生长至成熟 6～7d，相对湿度不能低于 90%。从开孔至采收第一茬木耳需 12～16d，其中除在采耳前后各停水 1～2d 外，其他时间均应浇水保湿。

（3）通风。木耳出耳期需要充足的氧气，高浓度的 CO_2 会抑制木耳的正常生长。因此，应注意室内通风换气，排出 CO_2 等废气。尤其是夏季出耳，气温高、室内空气湿度大，因此要经常保持空气对流，这不仅有利于出耳和耳片生长，也是防止病害发生的一项重要措施。

（4）光照。木耳子实体的正常生长发育需要散射光和一定量的直射光。在光照充足的条件下，耳片肥厚、色深、品质好。因此，室内栽培除要求有充足的散射光外，力求增加室内直接透射光，提高黑木耳的品质。

11. 采收

当耳片全部展开、边缘略卷、耳色由黑变褐色，并稍有白色孢子弹射时即可采收。采收时应根据耳片的成熟度进行分期采收，应采大留小，使未成熟的幼耳继续生长。一手握住菌袋，一手捏住耳片基部轻轻扭下或用利刀割下，尽量不损坏幼小耳芽和培养料。

第五节　双孢蘑菇

一、概述

双孢蘑菇（*Agaricus bisporus*）又名白蘑菇、洋蘑菇、蘑菇、双孢菇，属于真菌界（Fungi）担子菌亚门（Basidiomycotina）伞菌纲（Agaricomycetes）伞菌目（Agaricales）伞菌科（Agaricaceae）蘑菇属（*Agaricus*），因其担子上一般着生 2 个担孢子而得名。双孢蘑菇根据菌丝表现型可分为匍匐型、气生型、半气生型。鲜食蘑菇宜选用匍匐型或半气生型，容易栽培，且产量高；加工蘑菇宜选用气生型，品质好，成本低。双孢蘑菇根据颜色可以分为棕色、奶油色和白色品种，其中白色品种栽培最广泛。

双孢蘑菇肉质肥厚，鲜美爽口，是一种高蛋白、低脂肪、低热量的食品，且具有很高的营养价值。每 100g 干菇中含粗蛋白 23.9 ~ 34.8g、粗脂肪 1.7 ~ 8g、碳水化合物 1.3 ~ 62.5g、粗纤维 8 ~ 10.4g、灰分 7.7 ~ 12g，含有人体必需氨基酸。双孢蘑菇还有较高的药用价值，双孢蘑菇中的胰蛋白酶、麦芽糖酶可以帮助消化；所含有的大量酪氨酸酶可降血压；双孢蘑菇所含的多糖化合物具有一定的防癌、抗癌作用；所含的核糖核酸可诱导机体产生能抑制病毒增殖的干扰素。另外，用浓缩的蘑菇浸出液制成的“健肝片”是治疗肝炎的辅助药物，对治疗慢性肝炎、肝肿大、早期肝炎有明显的疗效。双孢蘑菇还有降低胆固醇、防治动脉硬化、防治心脏病等药效。双孢蘑菇含有较低的脂肪，其脂肪主要由不饱和脂肪酸所构成，所含热量低于苹果、香蕉等食品，可有效防治肥胖症。

双孢蘑菇是世界上栽培最早的食用菌，人工栽培始于法国，距今有 300 多年历史。目前，全世界有 100 多个国家和地区栽培双孢蘑菇，如美国、英国、荷兰、法国、意大利等。双孢蘑菇是世界性食用和栽培产量最多的食用菌。双孢蘑菇在我国栽培十分广泛，福建、浙江、广东、江苏、湖南、湖北、河南、山东、河北、上海、北京、天津、宁夏、山西、辽宁等地都有栽培。福建省是双孢蘑菇生产大省，占全国产量的 50% 以上。

【分类学地位】真菌界（Fungi），担子菌亚门（Basidiomycotina），伞菌纲（Agaricomycetes），伞菌目（Agaricales），伞菌科（Agaricaceae），蘑菇属（*Agaricus*）

【俗名】蘑菇、双孢菇、白蘑菇、洋蘑菇

【英文名】white button mushroom；common mushroom；cultivated mushroom

【拉丁学名】*Agaricus bisporus*

二、形态特征及分布

【菌丝体】双孢蘑菇菌丝体由管状菌丝细胞组成，菌丝粗 1 ~ 10μm，有横隔，多细胞，无锁状联合。菌丝多白色，少数品种带有浅褐色。双孢蘑菇菌落形态多样，大致划分为气生型、匍匐型和半匍匐型三类。气生型品种菌丝洁白呈绒毛状、茂密，气生菌丝常长至培养基表面以上 2 ~ 3mm，甚至更长，用试管斜面培养时常长满试管整个空间，完成培养后稍黄。匍匐型品种菌丝微黄、纤细，几乎不见气生菌丝，紧贴培养基表面生长，在培养基表面菌落较薄。半匍匐型品种菌丝微黄、纤细，较匍匐型粗壮，有时菌落边缘有少量气生菌丝，菌丝紧贴培养基表面生长，并常形成细线状小菌丝束。

【菌盖】幼时半球形，逐渐成熟后菌盖展平呈伞状，直径 7 ~ 15cm，呈棕色、奶油色和白色，表面光滑。

【菌肉】白色，受伤后菌肉渐变褐色。肉质肥厚，具蘑菇特有的香味。

【菌褶】有菌膜，菌膜是菌盖边缘与菌柄相连的一层薄膜，有保护菌褶的作用。子实体成熟前期，菌膜窄；成熟后期，菌膜被拉大变薄，并逐渐裂开。菌膜破裂后便露出片层状的菌褶。菌褶离生，初为白色，子实体成熟前期呈粉红色，成熟后期变成深褐色。菌环是菌膜破裂后残留于菌柄上部的一圈环状膜，白色，易脱落。

【菌柄】中生，与菌盖同色，圆柱形，基部较粗，长 3～5cm，粗 0.8～1.5cm，中实。

【孢子】紫褐色、椭圆形、光滑，一个担子多生两个担孢子，(6～8.5) μm×(5～6) μm。孢子印深褐色。

【分布】我国四川、河北、山西、甘肃、福建、江苏、浙江等地。全世界有 100 多个国家和地区栽培双孢蘑菇，双孢蘑菇现已发展成世界上栽培最广、面积最大、产量最多的全球性的集食用、保健、药用于一身的菇菌。

三、营养价值

【营养成分】丰富的蛋白质、多糖、维生素、核苷酸、不饱和脂肪酸和纤维素，双孢蘑菇中干物质和脂肪含量较低；蛋白质含量倍于大多数蔬菜，可与牛奶的蛋白质含量相媲美，而且可消化率高达 70%～90%；含有胰蛋白酶、麦芽糖酶等多种酶类；含有大量不饱和脂肪酸，如油酸和亚油酸等；麦角甾醇、亚油酸、亚麻酸；双孢菇多糖；菌丝体中提取的糖蛋白；酚类化合物及组氨酸衍生物；甲醇提取物（芸香苷、没食子酸、咖啡酸、儿茶素等)；可以清除自由基活性的子实体活性成分；双孢岩藻黄素半乳聚糖。

【功效】性平，味甘。健脾益胃，护肝降压、抑菌消炎。可作为生物活性成分设计新的功能性食品、膳食食品开发、食品添加剂。治疗消化不良；治疗肝病，作为肝炎辅助治疗药品——健肝片的成分；治疗血液疾病，如白细胞减少症、贫血；抑制艾滋病毒侵染与增殖；抗氧化、抗突变及防辐射；预防由自由基导致的严重疾病，如哮喘、癌症、心血管病、糖尿病、胃肠道炎性疾病、动脉粥样硬化等。

四、生长发育条件及生活史

（一）营养条件

双孢蘑菇为草腐菌，完全依靠菌丝分解和吸收培养料中的碳源、氮源、无机盐和生长因素等营养物质来满足生长发育的需求。双孢蘑菇可以利用的碳源有葡萄糖、蔗糖、麦芽糖、淀粉、木质素、纤维素、半纤维素，其中大分子糖类必须依靠其他微生物以及菌丝分泌的酶将它们分解为简单的碳水化合物后，才能被吸收利用。双孢蘑菇只能吸收利用铵态氮，不能同化硝态氮，可以补充尿素、硫酸铵、碳酸铵等作氮源。双孢蘑菇不能利用未经发酵腐熟的培养料，培养料必须经合理搭配和堆置发酵才能成为双孢蘑菇的营养物质。培养料中添加一定量的石膏粉、碳酸钙、过磷酸钙、碳酸钾等，可补充培养料中的钙、钾、磷等矿质元素。生长要素一般可以从培养料发酵期间微生物的代谢产物中获得，不需要另外添加。

（二）环境条件

1. 温度

双孢蘑菇在整个生长发育过程中，对温度的要求一般是由高到低。孢子萌发的最适温度为 23～25℃。菌丝生长的最适温度为 22～24℃；温度高于 25℃，菌丝生长快，但纤细无力，易早衰；温度高于 32℃，菌丝发黄，倒伏，甚至停止生长；温度低于 10℃，菌丝生长缓慢。子实体生长的最适温度为 14～16℃；高于 18℃，子实体生长快，菌柄细长，肉质疏松，易开伞，品质差，产量低；低于 12℃，子实体生长缓慢，组织紧密，不易开伞，品质好，但产量低。在子实体分化阶段提供 3～5℃的温差可促进原基的发生。

2. 湿度

双孢蘑菇菌丝生长阶段培养料的含水量一般保持在 60%，空气相对湿度保持在 70%～80%。空气湿度较低易导致培养料失水，阻碍菌丝生长；空气相对湿度过高易导致病虫害。子实体形成和发育阶段，要求培养料含水量为 62%～65%，空气相对湿度以 90% 为宜。湿度过低，子实体生长慢，有鳞片，柄空心，早开伞；湿度过高，易产生锈斑菇和红根菇。

覆土层应保持湿润，含水量保持在 18%～20%，以满足子实体生长对水分的需求。在菌丝体生长阶段，土层湿度应偏干，一般为 17%～18%，此时的土层湿度一般以手捏能成团、落地可散开为宜。在出菇阶段，土层应偏湿，其含水量保持在 20% 左右，此时的土层湿度应能将覆土捏扁或搓圆但不黏手为度。

3. 光照

双孢蘑菇的整个生长过程可以在完全黑暗的条件下完成。在较暗的环境下，双孢蘑菇子实体颜色洁白，菌肉肥厚，品质好；直射光对子实体生长不利，会使其表面干燥变黄，品质下降且畸形菇多。

4. 空气

双孢蘑菇是好氧性真菌。氧气不足，对孢子散落、萌发、菌丝生长及子实体的发育都有影响。在子实体分化及生长阶段如 CO_2浓度达到 0.1% 时，双孢蘑菇生长受到抑制；超过 0.5% 时，会抑制子实体分化，停止出菇。因此，在蘑菇生长发育过程中，必须加强通风换气，及时排除 CO_2和其他有害气体，还可以控制病虫害的发生。

5. 酸碱度

双孢蘑菇生长要求弱碱性的环境，偏酸对菌丝体和子实体生长均不利，且容易污染杂菌。菌丝生长的最适 pH 值为 7，子实体生长的最适 pH 值为 6.5～6.8。由于菌丝在生长过程中会产生碳酸和草酸等酸性物质，使培养料和覆土层变酸，因此，培养料的 pH 值最好为 7.5～8，土粒 pH 值为 8～8.5。

6. 覆土

覆土是双孢蘑菇大量产生子实体的必要条件。双孢蘑菇子实体的形成不但需要适宜的环境条件，还需要土壤中某些化学和生物因子的刺激，因此，出菇前需覆土，以满足双孢蘑菇生长发育的要求。

（三）生活史

双孢蘑菇的繁殖方式有有性繁殖和无性繁殖两种。无性繁殖时，一个担子多产生 2 个担孢子，每个担孢子含有两个不同交配型细胞核的担孢子，萌发后的菌丝为双核菌丝，不需要交配就可自身发育形成子实体。有性繁殖时，每个担子产生 1 个、3 个、4 个以至 5 个担孢子。当担子上产生 4 个担孢子时，每个担孢子得到一个细胞核，萌发成菌丝后，需要两条不同极性的同核菌丝相结合才能完成其生活史。双孢蘑菇也常产生厚垣孢子。双核菌丝形成的厚垣孢子是双核的，在条件适宜时萌发后仍为双核菌丝。

五、栽培技术

（一）栽培季节

栽培季节应根据双孢蘑菇的生物学特性和当地气候条件进行合理安排。选择播种期是以当地昼夜平均气温能稳定在 20 ~ 24℃，约 35d 后下降到 15 ~ 20℃为依据的。因双孢蘑菇属偏低温型菌，故播种期多安排在秋季，大部分产区在 8 月中旬至 9 月上旬播种。栽培季节过早，前期温度高，容易发生病虫害；栽培季节过迟，播种后发菌慢，出菇迟，影响产量。

（二）菌种制备

根据播种时间推算出适宜的制种时间，以保证栽培使用的菌种有适宜的菌龄。双孢蘑菇母种 15d 左右可长满试管斜面，原种和栽培种 40 ~ 45d 长满菌瓶或菌袋。为了使菌丝充分生长，一般要将母种、原种和栽培种延长培养 7d 左右。要根据当地的气候条件选择适宜栽培的双孢菇品种，要求品质好、产量高、抗性强，菌丝生长旺盛。

（三）菇房及床架设置

双孢蘑菇栽培可以利用闲置民房、山洞、防空洞、半地下室、塑料大棚等。菇房一般坐北朝南，有利于通风换气，能提高冬季室温和减少西晒。菇房面积以 150 ~ 200m² 为宜，过大不利于管理，通风换气不均匀，温湿度难以控制；过小则利用率不高，不经济。菇房应具有保温、保湿、通风、易于防治病虫害、避光等特点。菇房顶部及墙面上、中、下要设通风口，地面和墙壁要光滑，易于清洗、消毒。

菇房内可放置木板、竹片或钢筋结构的多层床架，每层之间高为 60 ~ 70cm，底层距地面 20cm 以上，顶层距房顶要大于 1m，菇床宽 1.3 ~ 1.4m，床与床之间以及床与墙壁之间要留 70 ~ 80cm 的过道。

栽培前要对菇房进行消毒处理，可采用石灰浆、波尔多液、石硫合剂等进行涂、喷，有条件的菇房可通入蒸汽进行高温、高湿杀菌杀虫，也可利用在菇房中进行二次发酵时的高温对菇房进行杀菌、消毒。

（四）原料及配方

1.原料

可用于栽培双孢蘑菇的原料很多，可因地制宜选择适宜的原料。主要原料有稻草、麦秸、玉米秸、牛粪、马粪、鸡粪、猪粪、羊粪等；辅料主要有各种饼肥、石灰粉、石膏粉、尿素等。粪便要晒干捣碎后使用，湿粪便不易发热，堆肥质量不高；稻草、麦秸等要晒干并切成 5～10cm 的小段，玉米秸切成 2～3cm 的小段，饼肥要粉碎。

2.培养料的配方

培养料的配方各地有所不同，通常用粪草比为 1：1 的配方。

（1）牛粪 45%，稻草 50%，菜籽饼 1%，石膏粉 2%，石灰粉 2%。

（2）麦秸 67%，马粪 30%，过磷酸钙 2%，碳酸钙 1%。

（3）麦秸 52%，鸡粪 45%，石膏粉 1.5%，石灰粉 1.5%。

（4）麦秸 60%，鸡粪 38%，石膏粉 2%。

（5）麦秸 52%，鸡粪 30%，棉籽壳 15%，石膏粉 2%，石灰粉 1%。

（6）稻草 93%，尿素 1%，硫酸铵 2%，过磷酸钙 2%，石灰粉 2%。

（五）培养料的堆制发酵

双孢蘑菇是一种草腐菌，分解纤维素、半纤维素的能力差，因此，利用堆制发酵，经高温微生物降解，将复杂的大分子降解成能被双孢菇吸收、利用的小分子，高温微生物的菌体及其代谢产物也是双孢蘑菇的营养源，发酵还可以杀死和抑制堆肥中的害虫和杂菌。发酵类型有一次发酵、二次发酵和增温发酵剂发酵三种。二次发酵所需时间短，可降低劳动强度，有利于获得高产，因此，目前多采用二次发酵法。

1.前发酵

前发酵一般在接种前 20d 建堆。按栽培料配方比例加料，分层堆置。堆置时，先在最下层铺 15cm 长的预湿的稻草、麦秸，厚约 20cm，在上面铺一层已发酵过的粪，厚 2～3cm，以后加一层稻草、麦秸，铺一层粪，最后覆盖一层稻草、麦秸，堆高 1.5～1.8m、宽 1.5～2.5m，长度可根据场地条件而定，一般 5～8m。为使堆中温度均匀，使好氧微生物充分发酵，要从中间插几个通气孔。夏秋季节堆置 4～5d，堆内 50cm 处温度可达 70℃左右，等到堆温不再升高或略有下降时进行第一次翻堆。翻堆时要适量补水，并保持料面湿润，并加入其他辅料。翻堆是为了使整堆材料内外上下倒换，四周翻到中间，可改善堆内空气调节，使其发酵均匀彻底，不含生料。第一次翻堆后 5～6d，可进行第二次翻堆。以后每隔 3～4d 翻一次堆，一般翻堆 4～5 次即可完成前发酵。在翻堆过程中加入石灰粉调节 pH 值为 7.5。翻堆时应根据干湿情况决定是否加水，料的湿度控制在 70% 左右。

2. 后发酵

后发酵也称二次发酵，目的是使嗜热菌高温放线菌充分生长，改变培养料的理化性质，增加培养料的养分，使料中养分更利于双孢蘑菇吸收，并彻底杀死培养料中的害虫和杂菌。后发酵可分为升温、控温和降温 3 个阶段。

（1）升温。在料温未降时，迅速将前发酵好的堆料集中移入菇房的床架上，堆成小堆，不要摊开，关闭所有门窗，培养料自然升温 5～6h，当料温不能再上升时，用炉子或蒸汽加温进行后发酵，使菇房温度达到 60℃以上，保持 6～8h。可杀死培养料和菇房的病菌及害虫，促进嗜热菌大量繁殖，有利于腐殖质类物质的形成。但不要超过 70℃，以免杀死料中的有益微生物，影响控温阶段的发酵作用。

（2）控温。升温阶段结束，菇房应适当通风，并降低加温力度，使料温慢慢降至 50～55℃，维持 4～6d，以促进料内有益菌大量生长繁殖，使培养料继续分解转化，并产生大量的有益代谢产物。

（3）降温。控温结束后，停止加热，使房温和料温逐渐降低，当料温降到 30℃以下时，后发酵就结束。

发酵结束后，培养料呈棕褐色，无粪臭、无氨臭、无酸败、无霉味、有料香，秸秆柔软有韧性，手握培养料时，松开后能自然松散，料表和料中能见到白色放线菌菌落，含水量 60% 左右，pH 值 7.5～7.8。

堆肥一定要配方合理，发酵适宜，不可过生，也不可过熟。过生；播种后双孢蘑菇菌丝萌发生长缓慢、产量低，易发生杂菌污染和各种病虫害；过熟，则发酵中的微生物消耗了大量的养分，使堆肥中双孢蘑菇可利用的养分减少，也会造成减产。

（六）播种

发酵结束后，要开门窗通风，排出室内的 CO_2、氨气等有害气体。待料温降至 28℃以下时，将培养料平铺在菇床上，料厚 10～20cm。铺料整床要求粪草混匀，干湿均匀，厚薄一致。

播种方法有穴播、条播、撒播和混播等。撒播法为双孢蘑菇常用播种方法，先将播种量的一半撒在料面上，翻入料内 6～8cm 深处，平整料面，再将剩余的一半菌种均匀地撒在料面上，并立即用已发酵完毕的培养料覆盖保湿。用木板轻压料面，使菌种和培养料紧密结合。撒播法可使菌种在料面上分散范围大、生长均匀，因此，菌种萌发吃料、生长和封面均较快，且不易发生杂菌污染。

（七）发菌管理

从播种到覆土前的一段时间为菌丝培养期。发菌初期以保湿为主，微通风为辅。播种 1～3d 内，使料温保持在 22～25℃，空气相对湿度 65%～70%。发菌中期，菌丝已基本封盖料面，此时应逐渐加大通风量，以使料面湿度适当降低，防止杂菌滋生，促使菌丝向料内生长。当菌丝长至料层的一半时，用耙子从床面插向料底，撬料 1～2 次，以排出料底的有害气体，改善培养料的通气状况，促使菌丝向下伸展。发菌中后期，通风量大，如果料面太干，应加大空气湿度，经过 20 ~ 25d 的管理，菌丝长满培养料。

（八）覆土管理

双孢蘑菇栽培与其他食用菌的不同点是必须覆土，不覆土则不出菇或很少出菇。

1. 覆土的作用

覆土层在料面可以形成一个温湿度较为稳定的小气候，有利于菇蕾的形成；覆土改变了料面和土层中氧气和 CO_2 的比例，促进双孢蘑菇菌丝扭结成子实体原基；土层中的假单胞杆菌等有益微生物的代谢产物可刺激和促进子实体的形成；覆土改变了营养条件，使菌体由营养生长转向生殖生长；覆土对料表面菌丝有物理机械性刺激作用，可促进子实体形成。

2. 覆土材料及覆土后管理

一般在播种后 20d 左右，料内菌丝长到 2/3 以上时覆土最好。覆土前要对菌床进行彻底检查处理，挖除所有杂菌并用药物处理。覆土过早，会影响菌丝向料内继续生长；覆土过晚，会推迟出菇，影响产量。覆土的材料可就地取材，河泥、泥炭土、沙土等都可以。材料使用前要晒干打碎，除去石头杂物后过筛。土粒中带有虫卵、杂菌，因此在覆土前应将筛好的粗细土粒进行蒸汽灭菌（70 ~ 75℃维持 3 ~ 5h）。覆土前用手将料面轻轻搔动、拉平，再用木板将培养料轻轻拍平，使料面的菌丝受到破坏，断裂成更多的菌丝段。覆土调水以后，断裂的菌丝段纷纷恢复生长，往料面和土层中生长的绒毛菌丝更多、更旺盛。覆土后前期菇房温度控制在 22 ~ 25℃，空气相对湿度 80% ~ 90%，经过 7 ~ 10d 的生长，菌丝可达距覆土表面 1cm 左右。此期间要观察土层的水分变化，如果太干可以喷重水，喷水后通风半小时；如果不太干可以喷轻水，加大通风量，降低菇房温度，控制在 14 ~ 16℃，刺激菌丝扭结形成菇蕾，经 5 ~ 7d 后就可见到原基，进入出菇管理。

（九）出菇管理

当菇床上出现原基后，要减少通风量，同时停止喷水，菇房相对湿度保持在 85% 以上，温度在 16℃以下，原基经过 4 ~ 6d 的生长就可达到黄豆粒大小，这时要逐渐增加通风量，但不能让空气直接吹到床面，同时随着菇体长大和数量的增加，逐渐增加喷水量，使覆土保持最大含水量。喷水时注意气温低时中午喷，气温高时早、晚喷；喷水要做到轻、勤、匀，水雾要细，以免死菇；阴雨天不喷或少喷；喷水后要及时通风，让落在菇盖上的水分蒸发，以免影响菇的商品外观或发生病害。双孢蘑菇属厌光性菌类，菌丝体和子实体能在完全黑暗的条件下生长很好。

（十）采收

当菌盖直径长到 2cm 以上时，就可采收。采菇前 4h 不要喷水，以免手捏部分变色。采收时，手捏菌盖旋转取出；生长成丛的球菇，大小不一致，用刀片只切下需采收的菇体，保留未成熟小菇；采菇的同时要除菇脚，以免菇脚留在培养料内引起病虫害。采菇时间要适宜，采菇太早，产量低，采菇太迟，影响品质和下潮菇的生长。

双孢蘑菇一次种植可以出 6～9 潮菇。双孢蘑菇出菇具有分潮特性，如果培养料质量一致，栽培管理及覆土各项工作都较一致，则出菇的潮次就特别明显。采一潮菇后到下一潮菇出现一般有 4～7d 的间歇期，这期间菌丝恢复为下潮的生产积累营养。此期的管理原则是停水养菌，以利于下潮菇丰产。主要工作是整理床面，调整覆土的 pH 值，使用追肥，提高菇房温度，促进菌丝生长和防治病虫害。三潮后的蘑菇，可用提拔法采菇，以减少土层中无结菇能力的老菌索。将采下的菇及时用锋利刀片削去带泥的菌柄，切口要平，以防菌柄断裂。

第六节 毛头鬼伞

一、概述

毛头鬼伞（*Coprinus comatus*）又名鸡腿菇、毛鬼伞、大鬼伞、鸡腿蘑、刺蘑菇、瓶盖菇等。属真菌界（Fungi）担子菌亚门（Basidiomycotina）层菌纲（Hymenomycetes）伞菌目（Agaricales）鬼伞科（Coprinaceae）鬼伞属（*Coprinus*）。因其菌柄粗壮色白，形似鸡腿，肉质肥嫩，清香味美又似鸡丝而得名鸡腿菇。

鸡腿菇营养丰富、味道鲜美、肉质细嫩，经常食用有助于增强人体免疫力。据分析测定，每 100g 鸡腿菇干品中，含有蛋白质 25.4g，粗脂肪 3.3g，总糖 58.8g，纤维 7.3g，灰分 12.5g。鸡腿菇含有 20 种氨基酸，总量 17.2%。人体必需氨基酸 8 种全部具备，占氨基酸总量的 34.83%。鸡腿菇是一种高蛋白、低脂肪、低热量的名贵药用食用菌。鸡腿菇味甘性平，具有益脾胃、清心安神、治疗痔疮等功效，经常食用有助消化、增进食欲。据《中国药用真菌图鉴》等书记载，鸡腿菇的热水提取物对小白鼠肉瘤 S-180 和艾氏癌抑制率分别为 100% 和 90%。阿斯顿大学报道，鸡腿菇含有治疗糖尿病的有效成分，具有调节体内糖代谢、抑制血糖的作用，并能调节血脂，对糖尿病人和高血脂患者有保健作用，是糖尿病人的理想食品。

从 20 世纪 60 年代，英国、德国等国家的食用菌研究人员就开始了野生鸡腿菇的驯化栽培工作。70 年代，西方国家已开始人工栽培，我国于 80 年代人工栽培成功。目前，鸡腿菇在世界各国都有栽培，我国湖南、湖北、福建、浙江、河南、河北、山东、山西、黑龙江、吉林、辽宁、甘肃、青海等地已有大量栽培。鸡腿菇是近年来开发的食用菌，由于其菌体洁白，细嫩可口，在市场上较受欢迎，发展潜力很大，联合国粮农组织（FAO）和世界卫生组织（WHO）已将其确定为 16 种珍稀食用菌之一。由于鸡腿菇栽培工艺简单，能利用其他食用菌的废料栽培，生长周期短，生物转化率较高，出菇可由人工通过覆土控制，易于栽培，近年来在我国取得了大面积的推广。

【分类学地位】真菌界（Fungi），担子菌亚门（Basidiomycotina），层菌纲（Hymenomycetes），伞菌目（Agaricales），鬼伞科（Coprinaceae），鬼伞属（*Coprinus*）

【俗名】鸡腿蘑、鸡腿菇、大鬼伞、刺蘑菇、瓶盖菇

【英文名】shaggy mane；shaggy cap

【拉丁学名】*Coprinus comatus*

二、形态特征及分布

【菌丝体】菌丝体一般呈白色或者灰白色。在 PDA 培养基上，气生菌丝不发达。前期绒毛状，整齐，长势稍快；后期菌丝致密，呈葡萄状或扇形凸状生长，表面有索状菌丝。在母种培养基上，当鸡腿菇的菌丝将要长满试管斜面时，在培养基内常会有黑色素沉积。显微镜下观察菌丝，鸡腿菇菌丝细胞管状、细长、分枝少、粗细不均，细胞壁薄、透明，中间具横隔，内有二核。双核菌丝直径一般为 3 ~ 5μm，大多菌丝无锁状联合。

【菌盖】菇蕾期菌盖圆柱形，后期菌盖呈钟形，成熟后平展，菌盖直径 3 ~ 5cm。菌盖表面初期白色、光滑，后期表皮开裂，形成鳞片，鳞片初期白色，中期呈淡锈色，成熟时鳞片上翘翻卷，颜色加深。

【菌肉】白色，较薄。

【菌褶】菌褶是菌盖下面呈放射状排列的薄片，宽 6 ~ 10mm，与菌柄离生。初期白色，随着菌体的老熟，菌褶边缘出现粉红色、褐色，接着从下到上变为黑色，并逐步呈墨汁状滴下，最后菇体“自溶”。

【孢子】孢子呈黑色，光滑椭圆形，一端具小尖，大小为（7 ~ 10）μm×（10.5 ~ 17.5）μm，囊状体棒状、无色，顶端钝圆，大小为（24 ~ 60）μm×（10.5 ~ 17.5）μm。孢子印黑色。

【分布】我国四川、云南、黑龙江、河北、甘肃、青海、山西、江苏、吉林、辽宁、贵州、西藏、福建等地。亚洲的其他国家，以及欧洲、北美洲、大洋洲、南美洲的一些国家和地区亦有分布。

三、营养价值

【营养成分】鸡腿菇多糖；脂肪含量低、含有不饱和脂肪酸——亚油酸；含有丰富的酶，如纤维素酶、半纤维素酶、果胶酶等多种生物活性酶；

【功效】增强免疫力、抗癌抗肿瘤；降血糖，预防治疗糖尿病；降血脂，预防治疗高血压、冠心病及动脉硬化等疾病；助消化，益脾胃，治痔疮；抑菌。

四、生长发育条件及生活史

（一）营养条件

鸡腿菇是一种适应能力很强的土生菌、草腐菌、粪生菌。其突出特点是抗杂、抗衰老能力强，生育期无病虫害。可选用栽培平菇的原料或其他食用菌的废料进行栽培，尤其适于生料仿野生栽培。良好的基质和合理的营养结构是其生命活动的基础，主要营养物质是碳源、氮源、无机盐和维生素。

适宜于鸡腿菇栽培的碳素营养来源广泛，如秸秆、玉米芯、棉籽壳以及多种食用菌栽培的下脚料均可作为其碳源。鸡腿菇的最适氮源为蛋白胨和酵母粉。鸡腿菇能利用各种铵盐和硝态氮，但无机氮和尿素不是最适氮源，在麦芽汁培养基中添加天冬酰胺、蛋白胨、尿素等，菌丝生长更好。鸡腿菇菌丝具有较强的固氮能力，因此，即使其着生基质的C/N较高，菌丝也能生长、繁殖。鸡腿菇生长所需矿质元素主要为硫、钾、磷、钙和镁等。这些矿质元素参与细胞物质的组成、酶的激活等，有助于代谢活动正常进行。维生素是鸡腿菇生长中具有特殊生理活性的物质，如维生素 B_1、维生素 B_2 等，它们虽然用量甚微，却对鸡腿菇的生长起着重要作用。在实际生产中，因麸皮、米糠等原料中都含有一定量的维生素，一般不需要另外添加。

（二）环境条件

1. 温度

鸡腿菇是一种中温偏高温型菌类。孢子萌发适宜温度 22～26℃，但在24℃萌发最快。菌丝生长温度范围是 3～35℃，最适宜温度为 22～28℃，高于 35℃时，菌丝易自溶或变枯死亡。鸡腿菇菌丝的抗寒能力很强，在-30℃土中的菌丝可以安全越冬。子实体分化需要10～12℃的低温刺激，但温度低于 8℃或高于 30℃子实体都不易形成。子实体生长最适温度为 12～18℃，子实体生长慢，但鸡腿菇发生量多、个体大、粗壮、菇体洁白、品质优良，且耐贮藏。当温度高于 22℃时，子实体生长较快，菇柄易伸长，菌盖变小、变薄，品质开始下降，易开伞自溶。

2. 湿度

鸡腿菇菌丝体生长阶段培养料含水量以 60%～70% 为宜，空气相对湿度为 80%。覆土含水量以 20%～30% 为宜，覆土过湿会影响通气性，过干则影响菌丝的生长、扭结和出菇，严重时会导致不出菇。子实体生长阶段，空气相对湿度应提高到 85%～95%。空气相对湿度低于 60% 时，菌盖表面鳞片反卷，超过 95% 时，菌盖易发生斑点病。

3. 光照

鸡腿菇在菌丝体生长阶段不需要光线，在完全黑暗的条件下菌丝仍可健壮生长，强光对菌丝生长有抑制作用。在子实体分化和生长阶段需要一定的散射光，以 500～1 000lx 为宜。弱光下，子实体肥大，白嫩，强光对子实体生长有抑制作用，且菇体颜色加深。

4. 空气

鸡腿菇为好气性真菌，缺氧条件下菌丝体生长缓慢。鸡腿菇菌丝体生长、子实体分化与生长阶段都需要新鲜空气。通风不良、CO_2浓度过高时，菌柄伸长，菌盖变小、变薄，形成品质差的畸形菇。

5. 酸碱度

鸡腿菇喜中性偏碱的基质，菌丝体能在 pH 值 4.5 ~ 8.5 的培养基中生长，覆土材料以 pH 值 7 ~ 7.5 为宜。菌丝生长阶段以 pH 值 6.5 ~ 7.5 最适合。实际生产中，为防止杂菌污染，往往将 pH 值调至 8 ~ 9，经堆制发酵处理后，在 pH 值达到 7 左右时播种。

6. 覆土

鸡腿菇具有不覆土就不出菇的特点。覆土可保持和调节培养料内水分状况；改变料层中 CO_2和氧的比例，增加 CO_2浓度，有利于菌丝及时扭结成原基；土壤中有许多有益微生物，能分泌刺激子实体形成的物质；覆土后能缓和培养料内温度和湿度的急剧变化，保护菌丝体和子实体不受伤害并能支撑子实体生长。覆土材料要求土质疏松，腐殖质含量丰富，保水性和透气性良好，土壤 pH 值中性或微碱性。一般覆土厚度 3 ~ 5cm。

（三）生活史

在适宜条件下，鸡腿菇的孢子吸水膨胀，萌出芽管，逐渐分枝，形成单核菌丝。单核菌丝经过质配，产生双核菌丝，继而形成线状菌丝束，顶端迅速扭结膨大形成原基，继而发育成菇蕾，最后发育成子实体。鸡腿菇成熟后，子实体潮解液化，孢子随液滴滴下，完成生活史。鸡腿菇的生活史中尚未发现无性繁殖阶段。

五、栽培技术

（一）栽培季节

鸡腿菇为恒温结实性菇类，菌丝生长最适温度为 22 ~ 28℃，子实体发生最适温度为 15 ~ 25℃。根据其温型特点可因地制宜地确定鸡腿菇栽培季节。由于鸡腿菇有不覆土不出菇的特点及菌丝具有较强的抗衰老能力，长好的菌袋在常温下避光保存 6 个月后再行覆土栽培，仍能健壮出菇，所以制菌袋可不分季节、气温，常年可制。

鸡腿菇主要在春秋季节进行，出菇温度以 12 ~ 20℃为宜。因此，我国大部分地区安排在 3—6 月和 9—12 月出菇。一般提前 2 个月制作原种，提前 1 个月制栽培种。粪草发酵料栽培以 8 月中下旬堆料，9 月上旬播种为宜。也可于 1—2 月生产菌袋，4—6 月出菇。

（二）菌种制备

选菌龄适宜、生命力强、无杂菌、具有优良的遗传性状，且品质好、产量高、适合于当地栽培的优良品种。

（三）培养料的配方

栽培鸡腿菇原料包括主料和辅料，主料有玉米芯、麦秸、稻草、棉籽壳、木屑、其他食用菌栽培废料等，辅料有麸皮、米糠、玉米粉、畜禽粪便、石膏粉、石灰粉、过磷酸钙等。选择培养料配方的原则应该是因地制宜，添加适量的多种辅料调整营养平衡。

（1）棉籽壳 90%，玉米粉 8%，尿素 0.5%，石灰粉 1.5%。

（2）秸秆 75%，麸皮 20%，蔗糖 1%，石膏粉 1%，石灰粉 3%。

（3）秸秆 80%，畜粪 5%，麸皮 10%，尿素 0.5%，过磷酸钙 1.5%，石膏粉 1%，石灰粉 2%。

（4）平菇、木耳、金针菇等食用菌栽培废料 60%，秸秆 30%，麸皮 8%，石膏粉 1%，石灰粉 1%。

（5）玉米芯 60%，麸皮 10%，木屑 10%，畜粪 10%，石膏粉 1%，石灰粉 3%，玉米粉 60%。

（四）栽培技术

鸡腿菇的主要栽培方法有熟料栽培和发酵料栽培。

1.熟料栽培

（1）配料装袋。结合本地资源选择合适的配方，按配方将主料和辅料混合均匀，加水使培养料含水量为 65%，pH 值为 7.5～8。

（2）灭菌。装好的袋料要及时灭菌，防止基质酸变。常压灭菌要求在 100℃保持 14～16h。高压灭菌在 121℃保持 2h。灭菌后放入消过毒的接种室内，待料温冷却至 30℃以下时，及时按无菌操作要求接种。

（3）接种与管理。在无菌条件下在料袋表面进行打孔接种，接菌后用胶布封口，并放入培养室内进行培养发菌。培养温度控制在 22～26℃，空气相对湿度为 80%，避光养菌。经 20d 左右菌丝可长满菌袋。

（4）脱袋排畦。脱袋时要在温度较低、湿度较高的环境下进行。要选择土壤肥沃、宜于排水的场所挖畦，以保证排灌的方便。将已发好菌的菌袋脱去塑料袋，直立或横放在畦面上，其中直立排放较横放出菇快，污染率低。菌棒之间要留 3～5cm 的间隙，用覆土填平。然后在排好的菌棒上覆盖一层经过杀虫灭菌处理的土质疏松、通气性好、具一定肥力的土壤，覆土厚 4～5cm，覆土后浇 1 次重水，盖塑料薄膜以保持一定的湿度。覆土 3d 后揭膜通风，采取雾状喷水保持料面湿润，同时适当增加散射光，促使鸡腿菇菌丝体由营养生长转向生殖生长。正常情况下，覆土后 10～20d 菌丝可布满床面并逐渐扭结成菌蕾，进入出菇管理期。

2.发酵料栽培

（1）培养料预处理。根据配方将主料和辅料称好后，先将秸秆和畜禽粪拌匀，再将尿素、磷肥、石灰粉等辅料拌入，其中秸秆应切成段，畜禽粪需晒干并捣碎，含水量为

60%，pH 值为 7.5～8。

（2）建堆发酵。根据季节的不同掌握料堆的宽度和高度，高温季节可建高 1m、宽 1～1.2m、长度不限的梯形料堆，低温季节可将料堆的高宽各扩大 0.5m 左右，以利保温保湿。料堆上约隔 0.4m 打一通到地面的排气孔，以免造成厌氧发酵。观察 20cm 下料温，当堆温上升到 60℃以上时，进行翻堆。当堆温再次上升到 60℃时维持 3～5d，结束发酵。

（3）铺料和播种。当料温降至 30℃以下时就可铺料播种。播种前先选好菌种，并将菌种瓶、菌种袋和接菌工具等，用乙醇棉球擦拭或用 0.1% 高锰酸钾溶液浸泡消毒。然后打开菌种瓶或菌种袋，挖除表面老菌丝，将菌种转入干净的容器内。菌种不宜太碎，尽可能保持 1～2cm 的小块。播种方法有层播、点播和撒播。

层播法即先铺一层 5～7cm 料，撒上一层菌种，接着铺第二层料，撒第二层菌种，其余的料全部铺在第三层，撒上剩下的菌种。稍拍实拍平，最上面覆盖一薄层发酵料，覆盖薄膜保湿。总厚度 15～20cm，每平方米用料 20～25kg。菌种分配是上层占 40%，中下层各占 30%。

穴播即在铺好的料面上以 10cm×10cm 穴距挖穴播种。每挖一穴放入一块菌种，随即用料覆盖。播种完后，将余下的碎菌种撒在料面上，稍拍实，覆盖一薄层发酵料。

撒播法多用于麦粒菌种。先将 1/2 料铺在床上，其余的料与 2/3 的菌种混合均匀后，覆盖在床料面上，余下的 1/3 菌种全部撒在料层表面，最后覆盖一薄层发酵料，覆盖薄膜保湿。

（4）发菌管理。温度应保持在 22～26℃，相对湿度在 85%～90%。温度高于 25℃时，要加强通风散热。播种 3d 以后，随菌丝生长料温升高，要注意降温，严防烧菌，将空气相对湿度控制在 80% 左右。若菇房温度低于 15℃，要增加保温措施。

（5）覆土及覆土后管理。覆土时间应依据菌丝的生长情况而定。一般是当菌丝长到料底或蔓延至料层 2/3 时覆土，在播种后 18～20d 进行。覆土材料以选择草炭土为好，但实际生产中一般就地取材，将含水量调为 25%～30%。然后将调好的覆土材料均匀地撒在料面。覆土厚度 3～5cm，料层较厚时覆土也随之稍厚，反之亦然。覆土较厚时，出菇较迟，鸡腿菇数口少，但菇体肥大；覆土较薄时，出菇较快，菇体小，鸡腿菇数口多。覆土前期将温度保持在 22～26℃，空气相对湿度 85%，保持黑暗，促进菌丝尽快布满覆土层。当原基开始形成，应将菇房温度降至 18～20℃，湿度提高到 80%～90%，并给予一定散射光，以利菌丝扭结成原基。当土层表面有大量米粒状原基出现后，及时揭去塑料薄膜，转入出菇管理。

（五）出菇管理

当菌丝体长出覆土层时，应加强对温度、湿度的管理，预防杂菌污染。覆土后，温度保持在 20～25℃，避免强光直射，保持较高的湿度，并加强通风换气。7d 后使昼夜温差达 6～8℃，促进子实体原基形成，可促使出菇早、产量高。子实体原基形成后，保持 18～22℃，空气相对湿度 85%～90%。空气相对湿度若低于 60%，则菌盖表面易出现鳞片；超过 95%，菌柄长，菌盖上部易发黄。覆土浇透水后保持覆土潮湿，喷水要少喷勤喷，防止喷水过大，造成土壤板结不利出菇。每天喷水 2 ~ 3 次，并将薄膜两端揭开，进行通风，以保持空气新鲜，防止杂菌生长。一般菇蕾形成后，经 7 ~ 10d 即可采收。

（六）采收

当子实体达到七成熟，菇高 5 ~ 12cm，菌盖直径 1.5 ~ 3cm，且菌环稍有松动时即可采收。采收方法为采大留小，呈簇状生长的，采收要小心，不要碰到小菇。采收后去掉死菇，用土填好菇脚坑。采收的鲜菇应及时销售或加工，否则菌盖会潮解自溶。采收时，一手按住覆土层，一手捏住子实体左右转动轻轻摘下，或用刀从子实体基部切下。接种 1 次可采 3 ~ 4 潮鸡腿菇。一潮菇采收后，及时将床面的老菇根、残菇和烂菇清除干净，挖掉被污染的覆土，用调湿好的新土填平，然后浇一次透水，使覆土含水量达到适宜程度，盖好塑料薄膜养菌。一般 10d 后可出第二潮菇。只要温度适宜，鸡腿菇可多次出菇。

第七节 猴头菌

一、概述

猴头菌（*Hericium erinaceus*），因子实体形似猴子的头而得名，又名猴头、猴头菇、猴头蘑、刺猬菌、对口蘑、菜花菌、山伏菌、熊头菌等，属真菌界（Fungi）担子菌亚门（Basidiomycotina）伞菌纲（Agaricomycetes）红菇目（Russulales）猴头菌科（Hericiaceae）猴头菌属（*Hericium*）。在日常生活中，猴头菌常称为猴头菇。猴头菇既是珍贵的食用佳肴，又是重要的药用菌。在自然界，猴头菇多生长于柞树等枯死阔叶树的树干上，也生长于枯死的倒木上，东北地区 9—10 月（15 ~ 20℃）是猴头菇的生长季节。猴头菌见图 1-2。

猴头菇柔嫩味美，色、香、味上乘，曾与熊掌、燕窝和鱼翅列为四大名菜。猴头菇营养价值高，据测定，每 100g 猴头菇干品中含蛋白质 26.3g、脂肪 4.2g、碳水化合物 44.9g、粗纤维 6.4g、磷 856mg、铁 18mg、钙 2mg。在蛋白质中含有 16 种氨基酸，包括人体必需的 8 种氨基酸。猴头菇还含有维生素、胡萝卜素等。猴头菇不仅味道鲜美，还具有很好的保健作用，具有滋补健身、助消化、利五脏的功能，并对某些疾病具有一定辅助治疗作用。研究证明，猴头菇中含有的猴头菌素、猴头菌酮、多肽、多糖等物质，具有调节人体免疫力和血糖的作用，诱导和促进神经生长因子的生长，对胃溃疡、慢性胃炎、慢性萎缩性胃炎等有一定疗效，具有辅助抑制肿瘤的作用。以猴头为原材料制成的“猴头菌片”就是作为治疗消化道溃疡的一种药物。经常食用猴头菇可提高人体免疫力、抗疲劳、延缓衰老、调节血脂、改善胃肠道功能。

猴头菇在自然界分布广泛，常着生于麻栎、板栗、栓皮栎和胡桃等树木的枯枝上，主要产于我国的东北和西北各省区，特别是东北的大兴安岭所产的猴头菇较为著名。其他各省也有生产，但数量稀少。近年来，人工栽培尤其代料栽培的成功，猴头菇产区日益广泛，加上可用于栽培的原料种类多、生产周期短、成本低、收益大，猴头菇的生产得到了迅速的发展。

【分类学地位】真菌界（fungi），担子菌亚门（Basidiomycotina），伞菌纲（Agaricomycetes），红菇目（Russulales），猴头菌科（Hericiaceae），猴头菌属（*Hericium*）

【俗名】猴头菌、猴头蘑、刺猬菌、猬菌

【英文名】monkey head mushroom；lion's mane；hedgehog mushroom

【拉丁学名】*Hericium erinaceus*

二、形态特征及分布

【菌丝体】猴头菇菌丝体在不同的培养基上略有差异。菌丝在斜面培养基上，初时稀疏呈散射状，后变浓密粗壮，气生菌丝呈粉白绒毛状；在木屑培养料中浓密呈白色或乳白色。菌丝有锁状联合。

【子实体】猴头菇子实体单生或对生。肉质，团块状或头状，宽 5 ~ 15cm。新鲜时子实体白色或淡黄，晒干后呈浅米黄色、浅褐色至黑褐色，基部狭窄或有一短柄。整个子实体密布下垂的菌刺，刺直而发达，长 1 ~ 5cm，粗 1 ~ 2mm。菌刺长短和生长条件有密切关系，湿度大，菌刺长；湿度小，菌刺短。

【孢子】菌刺表面有产孢子的子实层，生长后期孢子大量脱落，孢子印白色。孢子球形或近球形，无色，光滑，有大而明亮的油滴，直径 4 ~ 5μm。

【分布】我国四川、云南、黑龙江、吉林、内蒙古、河北、山西、甘肃、浙江、广西、辽宁、西藏、安徽、陕西、青海、新疆、广东等地。日本以及欧洲、北美洲的一些国家和地区亦有分布。

三、营养价值

【营养成分】猴头菇富含蛋白质、维生素和无机盐，营养价值很高。每 100g 猴头菇干品中含蛋白质 26.3g，脂肪 4.2g，碳水化合物 44.9g，粗纤维 6.4g，磷 856mg，钙 2mg，铁 18mg，维生素 B_1 0.69mg，维生素 B_2 1.89mg，胡萝卜素 0.01mg，并含有人体 8 种必需氨基酸。猴头菇多糖；寡糖（低聚糖）；甾醇类；萜类化合物猴头菌素；漆酶；酚类化合物猴头菌酮；腺苷。

【功效】利五脏、助消化；治疗胃炎、胃溃疡；抗肿瘤、抗辐射、抗突变；降血糖、降胆固醇；促双歧杆菌生长因子，提高人体免疫力，使肠道内 pH 值下降，抑制肠道有害菌生长，产生 B 族维生素，分解致癌物质，促进肠蠕动及蛋白质吸收；促进骨骼生长发育；促进神经生长因子合成，保护神经系统；镇静、扩血管、抗缺氧及较弱的抗炎；杀菌。

四、生长发育条件及生活史

（一）营养条件

猴头菇是木腐菌，一般以腐木为营养源，其分解纤维素、木质素的能力很强。猴头菇能使朽木变白色，称为白腐。猴头菇在生长发育过程中能利用纤维素、半纤维素、木质素、有机酸、淀粉、糖类等做碳素营养。栽培猴头菇通过分解蛋白质、氨基酸等有机物质，吸收利用硝酸盐、铵盐等无机氮化物作为氮素营养。猴头菇还需要一定的磷、钾、镁、钙、镁、铁、铜、锌等矿物质营养。

目前，棉籽壳、甘蔗渣、木屑、稻麦秸、酒糟、棉花秸等已被用作碳素营养的来源。猴头菇的氮素营养来源于蛋白质等有机氮化物的分解。木屑、棉秆、甘蔗渣等蛋白质含量较低。因此，栽培料中必须添加含氮量较高的麸皮、米糠等物质，以补充氮素营养。

（二）环境条件

1. 温度

猴头菇是中温结实性真菌。菌丝生长温度为 10～34℃，最适生长温度为 20～26℃。10℃以下，菌丝几乎停止生长；温度过高，菌丝纤细而稀疏，超过 34℃，菌丝完全停止生长。子实体形成温度为 16～22℃，生长最适温度为 18～20℃。25℃时，原基分化数量明显降低；高于 25℃，生长缓慢，甚至受到抑制；高于 30℃，则不能形成原基；低于 14℃，很难形成子实体；已分化的菇蕾在 12℃以下生长很慢，质量也差，而且子实体易发红，且具有苦味。温度对子实体的形态影响也很明显。温度偏高，菌刺长，球块小、松，且常常形成分支状，商品价值低；在一定范围内温度越低，子实体生长虽慢，但菌刺长短适中，球块大，坚实，品质好。

2. 湿度

菌丝体和子实体生长要求培养料的含水量为 60%～65%。含水量超过 75%，菌丝生长缓慢，菌丝变粗；含水量低于 40% 时，菌丝停止生长。总之，疏松、通气性好的培养料，水分应适当增加；反之减少。培养料含水量高，菌丝生长快，易衰老；含水量低，菌丝生长慢，但原生质浓，抗逆性强，不易衰老，品质好。

子实体生长发育的最适空气相对湿度为 80%～90%。在适宜的湿度条件下，子实体生长迅速，颜色洁白。空气相对湿度低于 70%，子实体表面很快失水干缩，颜色变黄，生长停止，产量低；空气相对湿度长期高于 95% 以上，菌刺徒长，容易形成畸形的子实体，子实体分支状，球块小，孢子多，子实体味苦，抗逆性降低，严重影响猴头菇的产量和品质。

3. 光照

猴头菇菌丝体可以在完全黑暗的条件下正常生长。子实体分化时，需要有散射光以诱发子实体的形成。弱光下，子实体色泽洁白、品质好；强光下，子实体颜色发黄，且生长缓慢。在栽培时应注意控制光照条件，避免阳光直射。

4. 空气

猴头菇是一种好气性真菌。菌丝体生长对空气的要求并不严格，适宜菌丝生长的 CO_2 浓度为 0.41% ~ 2.05%，超过 5.71% 时菌丝才会停止生长甚至死亡。子实体的生长对 CO_2 特别敏感，当通气不良、CO_2 浓度过高时，会刺激菌柄不断分枝，而抑制子实体发育。子实体生长阶段要求空气中 CO_2 浓度低于 0.1% 为宜。

5. 酸碱度

猴头菇喜偏酸性环境，在酸性条件下菌丝生长良好，猴头菇可以在 pH 值为 2.4 ~ 6.5 的条件下生长发育，最适 pH 值为 4.5 ~ 5.5。

（三）生活史

猴头菇担孢子萌发后产生单核菌丝，单核菌丝在培养基斜面上纤细而稀疏，存在时间很短，不同性别的单核菌丝相互融合，形成双核菌丝。双核菌丝粗壮，生命力强，在生理上起养分和水分的吸收、运输之功能。整个生活史中双核菌丝存在时间最长，它在基质中生长一定时间后即达到生理成熟，遇到适宜的条件就形成子实体。子实体中的菌丝叫三次菌丝。这种菌丝呈假组织状，不具吸收水分和养分的功能，生理上与次生菌丝有所不同。以后子实体上长出菌刺，在菌刺上形成担子。担子中的两个细胞核进行核配，很快又进行减数分裂，形成 4 个单倍体的细胞核。这 4 个单倍体的细胞核进入担子小梗的尖端后形成担孢子。在高温、干燥等不良环境条件下，菌丝体产生厚垣孢子。在适宜环境条件下，厚垣孢子萌发成菌丝，继续进行生长繁殖。在自然条件下，猴头菇从菌丝担孢子到下一轮产生的担孢子这一生活周期要经过很长时间，在人工栽培条件下需要 3 ~ 6 个月，从菌丝体到子实体只需要 40d 左右。

五、栽培技术

（一）栽培季节及常用栽培方法

我国南北气温差异大，各地的地形不同，气温差异也很大，因此猴头菇栽培季节的安排，必须结合猴头菇的生物学特性和当地气候条件来确定。在我国，主要利用春秋两季温度适宜的季节进行栽培。北方 4—5 月、9—10 月较适于猴头菇生长，南方 3—5 月、翌年 9 月下旬至 12 月中旬较适于猴头菇生长。在可以人工加温或降温的设施内栽培可以延长猴头菇的生产期。

人工栽培猴头菇常用的方法有瓶栽、袋栽和段木栽培。

（二）菌种制备

优良的栽培母种生长快、均匀整齐，在适温下两周内即长满斜面。冰箱保藏常形成原基，镜检有少量厚垣孢子。若孢子过多，则产量偏低。若菌丝发黄、细弱、稀疏，表明菌种退化。如生长不匀，程度不齐，说明菌种不纯，不宜采用。原种应致密洁白，上下均匀，无菌丝间断，表面菌丝旺盛。若基质干缩、料壁脱离、颜色发暗，表明菌种老化。如壁周出现各色条纹、斑点，表明菌种有杂，不能使用。菌龄要适宜，冰箱保藏的母种和原种一般不超过 3 个月，常温保藏的不超过 20d。若菌龄过长，则活力下降，不仅生长慢、产量低，而且抗逆性差，极易染杂。

（三）培养料的配方及制备

猴头菇生长完全依靠培养料中的营养。如果培养料中含有芳香族化合物或其他有毒物质，菌丝体的生长发育就会受到抑制或异常刺激。因此，配制培养料时，应注意不要混入松、柏、香樟等树种的木屑及其他有毒物质。猴头菇的栽培料很多，可选择无霉烂变质的木屑、棉籽壳、玉米芯、甘蔗渣、麸皮和米糠等。要求新鲜，无虫蛀、霉烂，无农药污染。常用配方如下。

（1）棉籽壳 80%，木屑 10%，米糠 8%，石膏粉 1%，过磷酸钙 1%。

（2）棉籽壳 79%，麸皮 20%，石膏粉 1%。

（3）玉米芯 30%，棉籽壳 32%，麸皮 10%，木屑 10%，米糠 10%，玉米粉 7%，石膏粉 1%。

（4）玉米芯 78%，米糠或麸皮 20%，石膏粉 1%，过磷酸钙 1%。

（5）棉籽壳 80%，稻壳 8%，麸皮 10%，石膏粉 1%，碳酸钙 1%。

（6）稻草粉 60%，木屑 18%，米糠 18%，石膏粉 1%，蔗糖 2%，过磷酸钙 1%。

（7）甘蔗渣 78%，麸皮 20%，石膏粉 1%，过磷酸钙 1%。

（8）木屑 75%，麸皮 20%，蔗糖 1%，碳酸钙 1%，硫酸钾 1%，磷酸氢二铵 2%。

（9）木屑 76%，麸皮 20%，玉米粉 2%，石膏粉 2%。

（10）木屑 40%，玉米芯 39%，麸皮 20%，石膏粉 1%。

选好培养基配方后，各种配料按比例称好后混匀，再将易溶于水的糖、过磷酸钙、石膏粉等辅料称好后溶于水中，拌入料内，充分拌匀。调节含水量为 55%～60%，即手握培养料时，指缝间有水渗出，但不下滴为宜。一般 pH 值为 5～6。

（四）培养料的分装及灭菌

培养料配好后，应及时分装，以防感染杂菌，引起变质。猴头菇栽培装料时要特别注意不可过紧，料装得过紧时，氧气不足，影响菌丝体的生长。另外，料不可装得过浅，要装至距瓶口或袋口 2～2.5cm 处。否则，子实体柄长，降低商品品质，并浪费菌丝体内的养分，降低产量。装好料的瓶或袋，可用棉塞封口，也可用双层牛皮纸封口。袋栽使用套环时，要套紧料表面，以防培养期间悬空出菇时形成长柄菇。

培养料装瓶或装袋后要及时灭菌，瓶或袋之间要留有间隙，让蒸汽流通，并注意锅内不要装得太满。常压灭菌要求在100℃保持14～16h。高压灭菌在121℃保持2h。

（五）接种

培养料灭菌后，待料温降到25～30℃时，在无菌的环境条件下进行接种，接种后移入干净的培养室，进行发菌管理。

（六）发菌管理

猴头菇菌丝在22～25℃条件下培养，细胞原生质浓，生命力强，也不会提早形成子实体。温度高于28℃，菌丝容易老化；低于28℃，菌丝未长透培养料就会形成子实体。子实体形成后，瓶口或袋口必须打开。猴头菇菌丝生长对空气的要求不高，每天开窗1～2次、每次0.5h即能够满足菌丝生长需要。瓶内或袋内的空气可以满足猴头菇菌丝前期生长的需要，但菌丝生长量和生长速度达到一定程度后，袋内CO_2含量往往已超过了猴头菇菌丝的承受限度，菌丝就不能继续生长，此时要将瓶口或袋口的绳子解开，使之出现一小缝，使空气进入瓶或袋内，使菌丝正常生长。菌丝体培养期间空气相对湿度为65%～70%为好，空气湿度过大容易滋生杂菌；子实体形成期间，空气相对湿度应为80%～90%。猴头菇菌丝生长不需要光照，在完全黑暗的条件下菌丝可以正常生长。

（七）出菇管理

当原基充分膨大，长至瓶口或袋口时，打开瓶口或袋口。出菇时室温应尽量控制在16～20℃。当温度低于14℃时，菇体发红，温度越低，颜色越深，若低于子实体分化所需的最低温度时，则不分化。温度高于26℃，子实体也会发红。猴头菇子实体生长如通气不良，子实体质松、重量轻、生长慢、菌刺少而粗，甚至会出现畸形。每天应定时打开门窗通风保持空气新鲜。子实体采收前，通气量要增加，室内CO_2浓度不超过0.1%。猴头菇子实体形成和生长阶段需要100～400lx的散射光，如光照不足则菌蕾少，子实体发育不良，易产生畸形菇。猴头菇子实体发育需要80%～90%的空气相对湿度，在这一环境条件下，子实体生长迅速，呈白色或乳白色。空气相对湿度过低，子实体生长缓慢，但菌刺较短，在一定程度上可提高商品质量。所以，在开始形成子实体时，空气相对湿度要求保持在90%左右。当菌刺达0.5～1cm时，空气相对湿度应降至85%。出菇期间，一般不移动菌瓶或菌袋，菌刺有明显的向地性，频繁移动位置易产生畸形菇。

（八）采收

猴头菇应在孢子未落下，菌刺在0.5～1cm时采收。子实体完全成熟后采收则肉质松、苦味重，品质下降。如子实体作为药用，采收期可适当推迟。采收时用小刀从瓶口或袋口内切下菇柄，不要留下菇脚，否则会引起杂菌污染。采收前一天不可喷水，以降低菇体含水量，以免运输贮存时产热使得菇体色泽暗、口味差。猴头菇采收后应将留于基部的白色菌膜状物拣去，使料内菌丝得到新鲜空气充分生长。继续管理 7 ~ 10d 后，第二潮子实体即可形成。一般可采 3 潮左右。

第八节　毛柄金钱菇

一、概述

毛柄金钱菇（*Flammulina velutipes*）又名金针菇、毛柄金钱菌、构菌、冻菌、朴菇、冬菇等，属真菌界（Fungi）担子菌亚门（Basidiomycotina）伞菌纲（Agaricomycetes）伞菌目（Agaricales）口蘑科（Tricholomataceae）小火焰菌属（*Flammulina*），是秋末春初寒冷季节发生的一种朵型较小的伞菌。因其菌柄细长，色泽和食性似金针菜而得名金针菇。金针菇按子实体的色泽可分为黄色品系、浅黄色品系和白色品系。

金针菇以其脆嫩、营养丰富、美味可口而著称于世。据测定，每 100g 鲜菇中含蛋白质 2.72g，脂肪 0.13g，糖类 5.45g，粗纤维 1.77g，铁 0.22mg，钙 0.097mg，磷 1.48mg，钠 0.22mg，镁 0.31mg，钾 3.7mg，维生素 B_1 0.29mg，维生素 B_2 0.21mg，维生素 C 2.27mg。金针菇中含有 18 种氨基酸，其中人体所需的 8 种氨基酸占氨基酸总量的 44.5%，高于一般菇类，尤其是赖氨酸和精氨酸的含量特别高。赖氨酸具有促进儿童智力发育的功能，故金针菇被称为“增智菇”。研究还证明，金针菇中含有朴菇素，是一种相对分子质量为 24 000 的碱性蛋白，是抗癌有效成分。经常食用金针菇也可预防高血压，能治疗肝脏疾病及肠胃溃疡病。

金针菇也是一种木腐菌，它分解木质素和纤维素的能力很强，可用木屑栽培和段木栽培。金针菇为低温型食用菌，在各个生长发育阶段，要求的温度比一般的食用菌都低，适于北方寒冬腊月在室内栽培。金针菇是古今中外著名的食用菌，亦是我国最早进行人工栽培的食用菌之一。金针菇广泛分布于中国、日本、俄罗斯、澳大利亚，以及欧洲和北美洲的一些国家和地区，其中日本是金针菇的主产国，我国主要产区有台湾、福建、陕西、山西、北京、江苏等地。近年来，我国金针菇生产得到了较快发展，栽培面积和产量不断增加。金针菇栽培周期短，方法简便，成本低，原料来源广，经济效益高。金针菇罐头及其他干鲜制品都是国内外市场的畅销品。金针菇子实体美丽奇特，也可作为观赏真菌。

【分类学地位】真菌界（Fungi），担子菌亚门（Basidiomycotina），伞菌纲（Agaricomycetes），伞菌目（Agaricales），口蘑科（Tricholomataceae），小火焰菌属（*Flammulina*）

【俗名】金针菇、冬菇、构菌、朴菰、冻菌

【英文名】winter mushroom；golden mushroom

【拉丁学名】*Flammulina velutipes*

二、形态特征及分布

【菌丝体】金针菇菌丝白色，绒毛状，有横隔和分枝，初期较蓬松，后期气生菌丝紧贴培养基表面，稍有爬壁现象。菌丝生长速度较快，黄色品种在20～22℃条件下，10～12d长满斜面，白色品种稍慢。黄色品种常在培养后期出现黄褐色色素，使菌丝不再洁白。与其他食用菌不同的是，菌丝长到一定阶段会形成大量的分生孢子，在适宜的条件下可萌发成单核菌丝或双核菌丝。分生孢子产生的多少会影响金针菇的质量，分生孢子多的菌株质量差，菌柄基部颜色较深。

【菌盖】金针菇菌盖幼小时淡黄色或白色，半球状，后逐渐展开呈扁平状，菌盖表面有胶质薄层，湿时有黏性。菌肉白色，中央厚，边缘薄。自然条件下菌盖直径2～10cm。

【菌肉】白色或略带黄色。

【菌褶】白色至象牙白，稀疏，长短不一。

【菌柄】菌柄菌柄中空、圆柱状，硬直或稍弯曲，长5～20cm，直径0.2～0.8cm，多为中生，菌柄基部连接，上部呈肉质，下部为革质，黄褐色，表面密生黄褐色短绒毛。

【孢子】担孢子在显微镜下无色，椭圆形或卵圆形，表面光滑，(7～8) μm×(3～4) μm。孢子印白色。

【分布】我国四川、云南、吉林、河北、陕西、甘肃、青海、江苏、广西、山西、黑龙江、福建、浙江、内蒙古、河南、新疆、安徽、江西、湖北、广东、辽宁、西藏和台湾等地。亚洲的其他一些国家，以及非洲、欧洲、大洋洲、北美洲、南美洲的一些国家和地区亦有分布。

三、营养价值

【营养成分】精氨酸和赖氨酸含量较高，为1.024%和1.231%（以干品计），高于一般食用菌；金针菇富含蛋白质、维生素B_1、维生素B_2、维生素C、核苷类、纤维素；高钾低钠，脂肪含量低；金针菇RIP（核糖体失活蛋白）；金针菇火菇素（抗肿瘤）；FVP（金针菇多糖）；水溶性多糖FVP_2。

【功效】促进儿童智力增长；降低胆固醇；预防和治疗肝脏系统及肠胃道溃疡；抗肿瘤、抗人体免疫缺陷病毒、抗真菌、抗昆虫；抑制肿瘤细胞蛋白合成和增强机体免疫功能；护肝、抗疲劳、延长寿命。

四、生长发育条件及生活史

（一）营养条件

金针菇在栽培中所要求的营养成分与其他食用菌基本相同，主要有碳素、氮素、矿物质和维生素。金针菇为木腐菌，它能利用原料中的纤维素、木质素、半纤维素、糖类等化合物作为碳源。常用的碳素营养以淀粉为最好，其次是葡萄糖、果糖、蔗糖等。在生产上所应用的碳源多半是富含纤维素、木质素、半纤维素、糖类的工农业生产下脚料，如木屑、玉米芯、棉籽壳、酒糟、醋糟等。金针菇培养料的碳氮比以 30∶1 为适宜。金针菇菌丝能利用多种氮源，其中以有机氮最好，如蛋白质、酵母粉、酪蛋白酶解物、蛋白胨和酵母膏，氨基酸以 L–精氨酸和 L–丙氨酸最好。金针菇菌丝也能利用无机氮源如铵盐、硝酸盐、氮气、尿素等。在实际生产中，主要采用米糠、麦麸、各种饼粕（豆饼、棉籽饼、菜籽饼等）、豆粉、花生粉和玉米粉等作为氮源。金针菇需要的大量元素有磷、硫、镁、钾。在生产中常添加硫酸镁、磷酸二氢钾、磷酸氢二钾或过磷酸钙等。除此之外，各种微量元素如铁、锌、锰、铜、钴、钙等也是金针菇生长发育需要的，但普通用水中的含量已足够满足金针菇生长发育的需要。金针菇需要微量维生素和核酸之类的物质。金针菇是维生素 B_1、维生素 B_2 的天然缺陷型，需要添加这两种维生素才能生长发育好。由于马铃薯、米糠、麦麸中含有维生素 B_1、维生素 B_2，所以如配制培养基有这些配料时不需另外添加。

（二）环境条件

1. 温度

金针菇属低温恒温结实性真菌。孢子在 15～25℃时大量形成，并容易萌发成菌丝。菌丝在 5～32℃均能生长，最适温度为 22～25℃。菌丝较耐低温，在 –21℃时经 18d 仍能存活，但对高温抵抗力较弱，在 34℃以上停止生长，甚至死亡。子实体分化在 3～18℃进行，但形成的最适温度为 8～10℃。低温下金针菇生长旺盛；温度偏高，子实体生长快、产量低、质量差。

2. 湿度

菌丝生长阶段，培养料的含水量要求在 65%～70%，低于 60% 菌丝生长不良，高于 70% 培养料中氧气减少，影响菌丝正常生长。子实体原基形成阶段，要求环境中空气相对湿度在 85% 左右。子实体生长阶段，空气相对湿度保持在 90% 左右为宜。一般情况下，菇房温度较低时，可适当提高大气相对湿度；菇房温度较高时，则要偏干管理，适当降低大气相对湿度，以减少病虫害的发生。

3. 光照

金针菇属于厌光性菌类，菌丝和子实体在完全黑暗的条件下均能生长，但子实体在完全黑暗的条件下，菌盖生长慢而小，多形成畸形菇；散射光可刺激菌盖生长，过强的光线会使菌柄生长受到抑制。以食菌柄为主的金针菇，在其培养过程中，可加纸筒遮光，促使菌柄伸长变柔，菌盖的色泽变浅。

4. 空气

金针菇为好气性真菌，在代谢过程中需不断吸收新鲜空气。菌丝生长阶段，微量通风即可满足菌丝生长需要。在子实体形成期需要消耗大量的氧气。空气中 CO_2 浓度的积累量超过 1% 时，子实体的形成和菌盖的发育就会受到抑制；CO_2浓度超过 5% 时，就难以形成子实体。

5. 酸碱度

金针菇要求偏酸性环境，菌丝在 pH 值 3 ~ 8.4 均能生长，但最适 pH 值为 4 ~ 7，子实体形成期的最适 pH 值为 5 ~ 6。

（三）生活史

金针菇的生活史比较复杂，属四极性的异宗结合菌，其生活史分为有性世代和无性世代。

金针菇有性世代产生孢子，成熟的子实体在菌褶子实层上形成无数的担子，每个担子产生 4 个担孢子，担孢子萌发产生芽管，芽管不断分支，伸长形成一根根菌丝。此时，每个细胞中仅一个细胞核，这种菌丝称为单核菌丝。有 4 种交配型（AB、ab、Ab、aB）。性别不同的单核菌丝之间进行质配，形成双核菌丝。双核菌丝比单核菌丝粗壮，生命力强，生长速度快。双核菌丝发育成熟后，扭结形成原基，并发育成子实体。子实体成熟时，菌褶上形成无数的担子，在担子中进行核配。双倍核经过减数分裂，每个担子尖端着生 4 个孢子，如此循环往复的过程，就是金针菇的生活史。金针菇单核菌丝也会形成单核子实体，与双核菌丝形成的子实体相比，朵型小且发育不良，在生产上没有实用价值。

金针菇的无性世代，产生大量的单核或双核的粉孢子。粉孢子在适宜的条件下，萌发成单核菌丝或双核菌丝，并按双核菌丝的发育方式继续生长发育，直到形成孢子为止。金针菇的菌丝还可以断裂成节孢子，节孢子按上述方式继续完成它的生活史。

五、栽培技术

金针菇有多种栽培方法，根据对培养料处理的不同可以分为熟料栽培和生料栽培；根据栽培容器的不同可以分为袋栽、瓶栽、床栽、畦栽等。近年来，多数生产者都采用熟料袋栽技术。目前，在生产中常采用熟料袋栽或瓶栽。本节主要介绍熟料袋栽。

（一）栽培季节

金针菇为低温菇类，在自然条件下，秋末冬初进行栽培，使出菇时温度在 5 ~ 15℃。南方各省份通常 9—10 月播种，经 1 个月左右发菌培养，11—12 月进入出菇期，出菇可持续至翌年 3—4 月；高海拔气温较低的山区和长江以北各省份，可提前在 9 月播种，11 月出菇，也可以在早春播种，加温发菌，等自然气温回升到 10℃左右，适时出菇；低海拔的平川地区，应适当推迟播种。在适宜的自然气温下栽培金针菇，不仅可提高金针菇的转化率，还能节省大量的燃料，产量效益突出。所以掌握各季节的自然气候特点对金针菇栽培具有特殊的意义。为解决夏季金针菇市场需求，可以利用冷库生产金针菇。

（二）菌种制备

应选择抗逆性强的低温型品种，要求菌种菌丝生长旺盛，分解纤维素和木质素的能力非常强。接种时菌龄一定要适宜。

（三）熟料袋栽

1.培养料的配方

金针菇属于木腐菌，传统的金针菇生产主要利用木屑作为培养料。由于金针菇分解木材的能力比较弱，并随着木材资源的匮乏，相继开发成功的替代原料有棉籽壳、玉米芯、甘蔗渣、大豆秸、稻草等，辅料有麸皮、米糠、石膏粉、碳酸钙、蔗糖、尿素等，生产者可根据当地的原料资源，选用栽培原料及配方。

（1）棉籽壳 78%，麸皮或米糠 20%，蔗糖 1%，石膏粉 1%。

（2）棉籽壳 80%，麸皮或米糠 15%，玉米粉 3%，蔗糖 1%，石膏粉 1%。

（3）玉米芯 73%，麸皮或米糠 25%，石膏粉 1%，蔗糖 1%。

（4）玉米芯 73%，麸皮或米糠 25%，石膏粉 1.2%，过磷酸钙 0.5%，硫酸镁 0.1%，尿素 0.2%。

（5）稻草 95%，过磷酸钙 2%，石膏粉 2%，尿素 1%。

2.拌料

拌料时，先将棉籽壳、玉米芯等主要原料和不溶于水的麸皮、玉米面等辅助原料按比例称好后混匀，再将易溶于水的糖、过磷酸钙、石膏粉等辅料称好后溶于水中，拌入料内，充分拌匀。调节含水量为 60%～65%。金针菇适合偏酸性培养基，pH 值在 6～6.5 最适合金针菇生长。

3.袋装

配制好的培养料吸足水分后，要及时装袋。金针菇栽培常选用聚丙烯或聚乙烯塑料袋栽培。装袋时先用塑料绳在离袋口 15～18cm 处扎好，然后装料，边装边轻轻压实使其能直立站稳，用力要均匀，培养料应紧贴袋壁，以免出菇不整齐。拌好的料堆，要边装边翻动，防止静置时间长水向下渗，使培养料上干下湿。装好后，用塑料绳或套环扎好。此时袋两端应各留出 15～18cm 长的薄膜筒，以利今后出菇起套筒作用。装好的袋要平卧堆放，以防水分蒸发。

4.灭菌

装好的袋料要当天灭菌，防止 pH 值下降或杂菌滋生。常压灭菌要求在 100℃保持 14～16h；高压灭菌在 121℃保持 2h。

5.接种

接种前要先做好消毒工作。当料温降至 30℃以下时接种，要严格按照无菌操作规程进行。发现感染杂菌或已出菇的菌种不能用作原种。接种量以菌种覆盖料面及有少量菌种掉入接种穴为宜。墙式栽培可两头接种，床架式栽培则一头接种。

6.发菌管理

接种后的栽培袋要及时搬入消毒后的培养室中进行发菌培养。根据气温的高低，堆积一层或数层。金针菇菌丝的生长最适温度在22~25℃。随着培养基内菌丝生长量的增加，菌丝发热程度将逐步加强，菌袋内菌丝在袋内小气候生长，其温度一般比外部空间高2~3℃，因此，室内控温时应当掌握在最适温度之下2~3℃为宜。培养初期，即接种后3d内，培养室的温度应适当高些，以24~25℃为宜，使刚接种的菌丝迅速恢复生长，菌丝萌发快，生长迅速，能减少杂菌污染；培养前期，即接种后3~15d内，培养室的温度以20~22℃较为适宜；培养后期，即接种后15~35d，以温度18~20℃较为适宜，这个时期金针菇菌丝已占优势，虽然室温较低，但菌体本身代谢也会增加温度，菌丝快速健壮生长。金针菇发菌培养阶段不需要光照，光照使菌丝易老化，诱发原基形成，影响后期产量。为了促进菌丝繁殖，抑制原基分化，培养室门窗应采取遮光措施，保持暗光条件。定期打开门窗进行通风换气，并保持空气相对湿度在65%~70%。

翻堆时要上下、内外交换位置，以保证发菌均匀一致，同时检查杂菌。发现杂菌污染的菌袋，应及时处理。在管理中，培养室内应该保持清洁卫生，每隔7d喷一次石灰水或3%来苏水或0.1%多菌灵溶液，进行全方位消毒。经30~35d培养，菌丝长满菌袋之后，在适温下继续培养5~7d，即可转入出菇管理。

菌丝长满袋且充分成熟后，一头出菇的菌袋，应两袋相对并列为一排，出菇端向外，堆高数层；两头出菇的菌袋，应单排摆放堆高数层，两排之间应留出80~100cm的走道，以便管理和采菇。

7.出菇管理

（1）催蕾。催蕾采取的主要措施是搔菌、降温和增湿。

① 搔菌。搔菌就是将菌袋口打开，用铁丝做成的3~4齿的手耙（使用前用75%酒精灭菌）搔破培养料面的菌膜，连同老菌种块一起去除，然后再将料面整平，使内部菌丝接触新鲜空气，刺激子实体原基形成。经过搔菌，可以促使出菇整齐，便于管理，保证品质。如果不搔菌，原基发生晚、少且不整齐，产量低，每丛大小不一，不利于管理。

② 降温。搔菌后不要大幅降温，因为搔菌造成了大量菌丝伤口，低温不利于伤口的愈合。搔菌后降温至18~20℃，以利于菌丝愈合，3~5d后，即可见到料表面形成一层白纱菌丝。这时降温到10~12℃，用低温刺激，促使原基形成。

③ 增湿。给菌袋以外的地方喷水，增加棚内的湿度，使空气相对湿度保持在80%~85%。

一般经催蕾3~5d后，适当增强光照和通风，诱发菇蕾的产生。料面菌丝由白色转为淡褐色，并分泌大量黄色水珠，是原基将要形成的征兆，预示即将出菇。约经一周时间，随着大量形似小米粒的子实体原基出现，菇蕾即可形成。

（2）抑制生长。抑制生长的目的是暂时延缓先分化子实体原基的生长，达到多出菇、出菇整齐，成批采菇的目的。采取的主要措施是降温、降湿、通风。具体做法是在菇柄开始伸长，即先分化子实体原基长至 1cm 时，将温度调节到 5℃左右；减少或停止喷水，将湿度控制在 75% 左右；加强通风。抑制生长的时间一般为 5 ~ 7d。

（3）促进菌柄伸长。金针菇食用部分及产量构成部分主要是菌柄，所以促进菌柄的迅速伸长才能保证高产、稳产和商品性能好。采取的主要措施是调节温度、保持湿度、固定光源、适当通风。具体做法如下。

① 调节温度。子实体原基形成后，要严格控制温度，室内温度最好控制在 10 ~ 12℃。温度低于 8℃时，子实体生长缓慢；温度高于 19℃时，子实体生长迅速，极易开伞形成劣质菇。

② 保持湿度。子实体生长期间，湿度应控制在 85% ~ 90%。每天要向空间喷雾状水 2 ~ 3 次，并保持地面经常有水；切忌向菇体上喷水，以免子实体颜色变深，导致烂菇。

③ 固定光源。金针菇在整个栽培管理过程均需黑暗环境，才能培养出菌柄长、光滑、菌盖小、色泽浅的金针菇；若在明亮条件下栽培，子实体色泽深，菌柄基部绒毛长，菌盖大，失去商品价值。但金针菇子实体具有很强的向光性，可用一定的光照诱导菌柄向光伸长。因此应根据菌袋的放置方式，每隔 3 ~ 5m 吊装一个 15W 的灯泡，使光线垂直照射到袋口，促进菌柄伸长。此时菇房门窗应进行遮光处理，以防止菇体因光线不集中而乱长。

④ 通风换气。出菇期要控制菇房的通风换气，使其积累一定浓度的 CO_2，以利于菌柄伸长和抑制菌盖开伞。一般每天通风 1 次，每次 10 ~ 20min。冬季可 2 ~ 3d 通风 1 次，每次 20min。

8.采收

当塑料袋中的金针菇菌柄长至 15 ~ 18cm，菌盖 2 ~ 3cm，且呈扁半球形，不开展时就可以采收。采前一天停水，适当降低室内的相对湿度，以获得优质的商品菇。采收时，手伸进袋内轻握菌柄基部，轻轻转动就可采下，要防止折断菇柄影响产量。采下的菇，要用剪刀剪去菇脚，去除带下的培养料，整好后绑成小捆。

9.采后管理

采收完后，必须让菌袋自然干燥 2 ~ 3d 后进行搔菌，清除掉料面上残留的菇脚及死菇、小菇，剔除个别料面上板结的老菌丝，尽量减少机械损伤。补足水分或营养液，然后在菌袋上覆盖一层薄膜，以保证金针菇生长所需的湿度。同时注意增强光照和通风，使其尽快形成原基。

金针菇一般可出菇 3 ~ 4 潮。第 1 潮菇的产量可占总产量的 50% ~ 60%。每潮菇采完后，如果能注入 0.1% ~ 0.2% 蔗糖水或其他营养液于袋中，有明显的增产作用。补水后要通风 1 ~ 2 次，因为表面湿度大，会影响深层菌丝呼吸及恢复。菌袋排放之前将表面菌皮搔破，露出新菌丝。经过 7 ~ 10d，第 2 潮菇蕾形成，从现蕾到第 2 潮采收大约 10d。第二潮菇能收到总产量的 20%。第 4 潮菇出菇很少，无管理价值。袋栽金针菇的采收批次因不同培养基及菌株而异，通常黄色金针菇可采收 3 潮菇，白色金针菇只能采收 1 潮菇。

第九节　银　耳

一、概述

银耳（*Termella fuciformis*）又名白木耳、雪耳、川耳、白耳子等。属真菌界（Fungi）担子菌亚门（Basidiomycotina）层菌纲（Hymenomycetes）银耳目（Tremellales）银耳科（Tremellaceae）银耳属（*Tremella*）。目前，银耳属在全世界有 40 多种，少数种类生长在土壤或寄生在其他真菌上，大多数腐生在各种阔叶树或针叶树的原木上。

银耳营养丰富，每 100g 银耳干品中含有蛋白质 5g、脂肪 0.6g、碳水化合物 78.7g、粗纤维 2.6g、灰分 3.1g，灰分中钙 380mg、磷 250mg、铁 30.4mg。另外，银耳还含有人体必需的 8 种氨基酸以及多种维生素和多糖物质，这些对人体健康十分有益。银耳也是一种久负盛名的良药。历代医学家都认为，银耳有“滋阴补肾、润肺止咳、和胃润肠、益气和血、补脑提神、壮体强筋、嫩肤美容、延年益寿”的功效。银耳含有酸性异多糖、中性异多糖、有机铁等化合物，能提高人体免疫能力，具有扶正固本的作用，对老年支气管炎、肺源性心脏病有显著疗效，并能提高肝脏的解毒能力，起到保护肝脏的作用。银耳性平，味甘，临床上主要用于治疗虚痔、咳喘、痰中带血、虚热口渴、肺痿等症。常食银耳能促进人体新陈代谢，使皮肤毛发滋润、骨骼牙齿坚硬，能促进生长、辅助发育、帮助消化。

银耳在世界上分布极广，主要产于中国、日本、古巴、西印度群岛、美国、巴西等地。在我国四川、贵州、福建、湖北、陕西、湖南、广西、浙江、安徽、江西、青海、台湾等地的山林中都有银耳生长，产量较大的有四川、贵州、福建、湖北、陕西等地。银耳是我国的传统出口土特产品，以四川的“通江银耳”和福建的“古田银耳”最为著名。我国人工栽培银耳始于 1899 年，最早是段木栽培，产量很低，价格昂贵。近年来，我国科研人员经过不断努力，逐步摸清了银耳生长发育的规律，并随着科学技术的进步和环境保护意识的提高，代料栽培逐渐取代了段木栽培。20 世纪 80 年代以后，代料栽培银耳迅速得到推广。目前，银耳已发展成为食用菌栽培中的一个重要种类。

【分类学地位】真菌界（Fungi），担子菌亚门（Basidiomycotina），层菌纲（Hymenomycetes），银耳目（Tremellales），银耳科（Tremellaceae），银耳属（*Tremella*）

【俗名】白木耳、雪耳、川耳

【英文名】white jeuy fungus；silver ear

【拉丁学名】*Termella fuciformis*

二、形态特征及分布

【菌丝体】广义的银耳菌丝体包括银耳菌丝和香灰菌丝（cohabitant fungi），它们为单向共生关系，属于混合菌丝类型。没有香灰菌丝，银耳菌丝几乎不能生长，甚至也不会出耳；香灰菌丝单独存在，也不可能形成银耳，它只能完成自己的生活周期。

银耳菌丝白色，有横隔锁状联合，多分支，直径 2 ~ 3.5μm。在斜面培养基上，菌丝生长极为缓慢，有气生菌丝，直立、斜立或平贴于培养基表面生长。银耳菌丝体易扭结、胶质化，形成原基。银耳菌丝也易产生酵母状分生孢子，尤其是在转管接种时受到机械刺激后，菌丝生长转向以酵母状分生孢子为主的无性繁殖世代，这种分生孢子形似酵母，以芽殖或裂殖进行无性繁殖。

香灰菌丝白色，羽毛状，衰老后逐渐变成浅黄、浅棕色，培养基由淡褐色变为黑色或黑绿色；气生菌丝灰白色，细绒毛状，有时有炭质的黑疤。

【子实体】银耳子实体新鲜时为白色，半透明，光滑，胶质而柔软，由多个耳片组成，形似鸡冠状、菊花状或牡丹花状。耳片大小不一，多 5 ~ 15cm。子实体含有较多的胶质，能吸收大量水分。干燥后，子实体强烈收缩，坚硬角质，脆而易碎，呈米黄色，吸水后又能恢复原状，其干鲜比为 1：10。子实层着生于耳片表面，无色透明，卵球形或卵形，被纵隔膜分割成 4 个细胞，每个细胞长出一个担子梗，在担子梗上着生一枚担孢子。

【孢子】在显微镜下担孢子无色透明，大小为（5 ~ 7.5）μm×（4 ~ 6）μm。孢子印白色。

【分布】在世界上分布极广，主要产于中国、日本、古巴、西印度群岛、美国、巴西等地。在我国四川、贵州、福建、湖北、陕西、湖南、广西、浙江、安徽、江西、青海、台湾等地的山林中有分布。

三、营养价值

【营养成分】银耳多糖，酸性异多糖（木糖、甘露糖、葡萄糖醛酸）。

【功效】银耳多糖能增加肝脏合成蛋白质和核酸的能力；减轻动物的骨髓造血组织因受理化因素所造成的损伤，修复造血功能；降低胆固醇，增强机体免疫力，提高巨噬细胞功能，抑制癌细胞生长。

四、生长发育条件及生活史

（一）营养条件

银耳是一种较为特殊的木腐菌，对于碳水化合物如葡萄糖、蔗糖、麦芽糖等小分子糖类，银耳菌丝能直接利用，但分解有机化合物的能力很差。因此，银耳在完成其生活史的过程中，需要另一种真菌协助，它们之间存在着一种特殊的关系，即香灰菌丝将银耳菌丝难以利用的木质素、纤维素、蛋白质、淀粉等复杂有机物降解为银耳可以吸收的简单有机物，以供银耳菌丝吸收与利用。银耳栽培材料可使用富含木质纤维素的天然材料如木屑、棉籽壳等作为碳源，以麸皮、尿素等作为氮源。银耳生长除了需要充足的碳源和适当的氮源外，还需要添加少量硫酸镁、碳酸钙、磷酸二氢钾等提供矿质营养。

（二）环境条件

1.温度

银耳为中温型的恒温结实性菌类，温度变化不宜过大。在栽培实践中，应尽量创造条件满足银耳生长发育各阶段对温度的要求。担孢子萌发的最适温度为22～25℃；银耳菌丝体生长适温为20～25℃，低于2℃或高于35℃菌丝停止生长，超过40℃菌丝死亡；子实体分化和发育的最适温度为20～24℃，耳片厚、产量高，长期低于18℃或高于28℃，朵小、耳片薄，温度过高易产生流耳。

银耳属于混合菌丝类型，两种菌丝对温度的要求略有不同，香灰菌丝生长最适温为25～28℃，因此在菌丝培养阶段，要创造两种菌丝都能良好生长的适宜温度22～26℃。子实体生长阶段同样必须兼顾香灰菌丝和银耳子实体生长发育对温度的要求。

2.湿度

菌丝体生长阶段，要求段木的含水量在40%～47%，代料栽培时培养料的含水量以55%左右为宜。培养料适当偏干符合银耳菌丝较耐干旱的特点，如湿度偏高会使香灰菌丝生长过旺，对银耳菌丝生长则不利。在子实体发育阶段，要求空气相对湿度为80%～95%。

银耳菌丝很耐旱，把长有银耳菌丝的木屑菌种块放入硅胶干燥器中2～3个月，香灰菌丝会死亡，而银耳菌丝仍然存活。利用这一特性，可从混合菌丝的基质中分离纯银耳菌丝。

3.光照

与其他食用菌相比，银耳对光线的要求不很严格，但菌丝生长后期和子实体发育阶段仍需要一定的散射光。散射光能诱导子实体原基的分化，并使子实体更加质优色美。强光和黑暗的条件均不利于菌丝体和子实体生长。在银耳子实体接近成熟的4～5d，室内应尽量明亮，有利于提高银耳的品质。

4.空气

银耳属好气性真菌，整个发育过程中都需要充足的氧气。在菌丝生长阶段，如果供氧不足，CO_2浓度过高，菌丝生长受到抑制，易造成接种穴口杂菌污染；子实体发育阶段通风不良，CO_2浓度太高，会抑制耳芽发育，阻碍开片并长成“拳耳”，没有商品价值，甚至造成烂耳及杂菌滋生。因此，要耳片正常生长必须保证新鲜空气的供应。

5. 酸碱度

银耳适宜在微酸性条件下生长，其适宜 pH 值范围为 5.2 ~ 7.0，以 5.2 ~ 5.8 为最适宜，pH 值 3.8 以下或 7.2 以上均不利于银耳孢子的萌发和菌丝的生长。在银耳菌丝生长过程中，会分泌一些酸性物质使培养料酸化，因此，培养料 pH 值一般在 6 ~ 6.5。

（三）生活史

银耳为四极性异宗结合的菌类，其生活史比较复杂，包括一个有性世代和几个小的无性世代。子实体成熟后，子实体表面产生许多担孢子，担孢子在适宜条件下萌发成单核菌丝或以芽殖方式形成酵母状分生孢子。在环境条件适宜时，酵母状分生孢子萌发形成单核菌丝。两个具有亲和性的单核菌丝经质配形成具锁状联合的双核菌丝，菌落绣球状或绒毛状，如果双核菌丝受到某些环境条件的刺激，如过热、搅动、浸水等，双核菌丝可形成酵母状分生孢子。酵母状分生孢子椭圆形、单核、以芽殖的方式进行无性繁殖，在环境条件适宜时，可萌发形成双核菌丝。加入香灰菌丝协助银耳降解利用基质，双核菌丝加快生长和繁殖，至生理成熟时双核菌丝发育成“白毛团”，并胶质化形成银耳原基。原基不断分化形成子实体，成熟的子实体表面形成子实层，产生大量的担子，担子上着生 4 个不同极性的担孢子，担孢子弹射后又开始新的生活。

五、栽培技术

银耳的栽培方式主要有段木栽培和代料栽培两种。段木栽培银耳的质量较高，表现在泡发率高、蒂头小、糯性强、耳片开张度好、质脆，但段木栽培周期较长，且产量较低，只适宜在森林资源丰富的地区栽培。近年来，代料栽培技术的不断提高和完善，为银耳的高产稳产创造了有利条件，加之代料栽培原料来源广，生长周期短，产量高，技术易被广大栽培者接受，所以代料栽培已成为目前我国人工栽培银耳的主要方式。

（一）栽培季节

银耳代料栽培应该根据银耳生长发育对温度的要求，以及银耳从接种到采收所需时间来合理安排。银耳的栽培周期为 35 ~ 45d，其中菌丝生长阶段为 15 ~ 20d，要求温度 25 ~ 28℃；子实体生长期 18 ~ 25d，温度要求为 25 ~ 28℃。因此，每年银耳栽培可安排在春、秋两季，当气温稳定在 25℃时即可开始栽培。为了提高耳房在适宜季节下的使用周转率，可采用二区制，即发菌室和出耳室。在第一批银耳采收前 5d，就开始第二批装袋、接种，置发菌室内培养。当第一批银耳采收结束后，立即清场、消毒、通风，然后将第二批菌袋从发菌室移入出耳室，首尾衔接，可增加栽培批数。

（二）菌种制备

银耳菌丝分离和各级菌种的生产方法与一般的食用菌不同，需要特别加以介绍。

1.菌种生产的基本原理

（1）银耳菌丝特点及分离。银耳菌丝不能降解天然材料中的木质纤维素，在木屑培养基中不能生长或生长缓慢，仅在耳基周围或接种部位数厘米内生长。银耳菌丝易扭结、胶质化形成原基。耐旱，在硅胶干燥器内2～3个月不会死亡；不耐湿，在有冷凝水的斜面培养基上易形成芽孢。

银耳菌种分离，在耳基、接种部位周围取材料，放于硅胶干燥器内2～3个月，然后取一小块移入PDA斜面上，22～25℃培养10～15d可获得白色的银耳菌丝。

（2）香灰菌丝特点及分离。香灰菌丝生长速度极快，不仅在耳基周围或接种部位数厘米内生长，远离耳基、接种部位处也有香灰菌丝生长。香灰菌丝生长的后期会分泌黑色色素，使培养基变黑。香灰菌丝不耐旱，基质干燥后即死亡。

银耳菌种分离，应在远离耳基、接种部位处取材料，钩取一小块基质移入PDA培养基，在25℃下培养5～7d，培养基颜色变黑者即为香灰菌丝。

2.银耳各级菌种制备

（1）母种制备。在PDA斜面培养基上接种一小块银耳菌种，放于22～25℃下培养5～7d，可见接种块长成白色绣球状，然后在离银耳接种块0.5～1cm处接种一小块香灰菌菌种，22～25℃下培养5～7d即可。

（2）原种制备。采用木屑培养料，配方为木屑78%、麸皮20%、蔗糖1%、石膏粉1%，湿度在60%左右。用菌种瓶作为容器，只装半瓶，料面压平封口，清洗瓶壁内外，高压灭菌，冷却后接入银耳与香灰菌混合后的母种，放于22～25℃培养15～20d，料面会有白色菌丝团长出，并分泌黄水珠，随后胶质化形成原基。

（3）栽培种制备。栽培种的培养料配方与原种相同，做法也是只装半瓶。栽培种接种时，选处理原种，即用接种勺把原种表面的原基去掉，捣碎料面长有银耳菌丝的坚实层，耙取少量的下层疏松料与之混合捣碎。取一小勺原种移入栽培种培养基，使菌种均匀分布于料面。接种后置于22～25℃下培养15～20d，料面也会有白色菌丝团长出，并分泌黄水珠，随后胶质化形成原基。

（三）配料与装袋

1.培养料的配方

（1）木屑78%，麸皮20%，蔗糖1%，石膏粉1%。

（2）木屑75%，麸皮20%，石膏粉1.5%，过磷酸钙1.2%，蔗糖1%，黄豆粉1.3%。

（3）棉籽壳80%，麸皮17%，蔗糖1%，过磷酸钙0.5%，石膏粉1.5%。

（4）棉籽壳40%，木屑38%，麸皮20%，尿素0.2%，硫酸镁0.3%，石膏粉1.5%。

2.拌料与装袋打孔

拌料时，先将棉籽壳、玉米芯等主要原料和不溶于水的麸皮、玉米面等辅助原料按比例称好后混匀，再将易溶于水的糖、过磷酸钙、石膏粉等辅料称好后溶于水中，拌入料内，充分拌匀。培养料含水量以 60%～65% 为宜。手握培养料，指缝中有水渗出但不下滴。pH 值应控制在 6～6.5。

培养料拌好后要立即装袋，装袋时要求上下培养料松紧一致。装料松保水性差，培养过程中料、袋分离，菌袋变形，菌丝老化快，且影响子实体的产生；装料紧则透气性差，灭菌不彻底，菌丝不易蔓延下伸。装袋后特别注意料袋要轻拿轻放，防止沙粒或杂物将袋刺破，引起污染。料袋装好后，在料袋稍扁的一面即袋的正面均匀打 4～5 个接种穴，要求孔口直径 1.2cm，深 1.5～2cm。然后擦去料面残存的木屑等杂物，用胶布封口。

（四）灭菌

装好的袋料要及时灭菌，防止 pH 值下降和杂菌滋生。菌袋在锅内排列成井字形，注意贴有胶布的一面朝上，料袋之间要留有间隙，让蒸汽流通，并注意锅内不要装得太满。常压灭菌要求在 100℃保持 14～16h。高压灭菌在 121℃保持 2h。

将灭菌后的菌袋搬入消毒后的冷却室，菌袋以井字形堆垛。若发现穴口胶布翘起或破袋，应立即用胶布封口，以防杂菌侵入。

（五）接种

接种前要先做好消毒工作。当料温降至 30℃以下时接种，要严格按照无菌操作规程进行接种。银耳菌种是由两种菌混合制种的，银耳菌丝仅生长于培养基表层 2cm 左右，菌丝致密、结实，香灰菌丝则分布于整瓶培养基中。先用接种刀把菌种表层的原基去掉，把表层 2cm 左右捣碎，再把下层较疏松的香灰菌丝层 4～6cm 挖起与之混合均匀。撕开穴口上的胶布，将混匀的菌种接种到培养穴中，穴内菌种要比胶布凹 1～2mm，目的是避免以后揭去胶布时将孔口表层白毛团菌丝拉掉而导致不出耳，接种后把胶布粘回接种穴。

（六）发菌管理

接种后的 1～12d 为菌丝生长期。接种后的菌袋应及时移入培养室进行发菌管理，在 26～28℃条件下干燥培养。经 5～6d 的堆放后菌丝已定植，这时菌丝的新陈代谢加快，袋内温度逐渐升高，需将发菌室温度调至 20～25℃，使袋温不超过 28℃，室内空气相对湿度控制在 70% 以下。在发菌前 10d，菌丝的呼吸作用弱，每天适当通风换气，保持室内空气新鲜即可；在发菌后期，代谢旺盛，菌丝呼吸作用会导致基质内缺氧，菌丝的生长发育减慢，应及时移开菌袋，使菌袋之间保持 2cm 的距离，以利于通气和散热。经 10d 左右的适温培养，在菌落直径 10cm 左右，相邻两个菌落相互连接，菌丝蔓延并深入培养料 3～4cm 时，菌袋穴口已被菌丝密封，对外界抵抗力强，杂菌不易侵入。为满足菌丝旺盛生长对氧气的需要，将接种穴上的封口胶布掀开 3mm 左右的小孔，让新鲜空气进入袋内，促进菌丝良好生长。为使银耳菌丝长均匀，每隔 3～4d 上下层的菌袋要进行一次调换。再经 5～10d 的培养，接种穴出现红、黄色水珠，并开始形成原基，这时空气相对湿度应控制在 80%～90%。

银耳菌丝在生长过程中容易感染杂菌，必须及时注意观察。若发现杂菌污染，要立即采取措施，予以清除。

（七）出耳管理

接种后的 11～14d 为耳芽发生期，14～19d 为子实体发生期，19d 开始进入子实体生长阶段，35d 进入成熟期。

1.子实体发生期

菌袋培养 7～10d 后，此时袋内氧气已基本耗尽，如不及时开穴通气，菌丝生长减慢甚至停止，白毛团出现吐黄水、腐烂现象。故应将穴口胶布掀开 5mm 的孔，让新鲜空气进入袋内，促进香灰菌丝向纵深发展，从而更好地分解养分，加速菌丝发育，诱导原基形成。将菌袋接种口朝向一侧，避免管理过程中水滴入穴，造成烂耳。从白毛团原基形成到子实体分化需要 12～16d，这一阶段，空气相对湿度在 85%～90%，应加强通风，适宜温度为 20～25℃。开口 12h 后，开始用清水直接向菌袋喷雾，每天 3～4 次，喷水后通风 30min。揭胶布开口 2d 后，接种穴内白毛团会分泌出黄水，这属于生理成熟的正常现象。但黄水积累过多会对银耳“白毛团”造成严重损害。要先将菌袋侧放，让黄水自穴口内自动向外流出，对于少部分难以流出的黄水，可用脱脂棉或吸水纸从穴口中轻轻吸出。

2.子实体生长期

当接种穴内白毛团逐渐胶质化并形成耳芽时，要及时将接种穴胶布全部撕掉，以利耳芽扭结发育。揭胶布后，菌丝新陈代谢旺盛，耳芽发育需氧量骤增，幼耳开始伸展，此时将塑料薄膜沿接种口划破，不要伤害菌丝，打一尽量圆的穴，穴口直径 4～5cm。

开口增氧后，袋内菌丝新陈代谢加快，袋温上升，一般比室温高 2～3℃，此时室温控制在 20～25℃。若室温超过 28℃，应增加通风，或喷水降温。将菌袋逐个排放于接种架上，接种口朝向内侧，袋间距 1cm，喷水使空气相对湿度在 90%～95% 之间。空气湿度若低于 85%，幼耳易发黄，高于 95% 易出现烂耳现象。当子实体长至 3～4cm 时，每天喷水 3 次，通风 3 次。调湿要灵活，耳黄多喷，耳白少喷，晴天多喷，阴天少喷，一次不能喷得过多，更不能直接喷到耳基上，以免影响产量。栽培室要保持一定散射光，黑暗、高温、高湿是形成烂耳的重要因素。

经过 25～30d，子实体已占满整个袋面。子实体生长逐渐变缓，若继续喷水，容易使耳片烂掉，因此成熟期湿度要逐步降低。增加通风次数并延长通风时间，使室内湿度降为 80%，让子实体充分吸收培养基的养分，使整朵银耳中间尚未扩展的耳片继续扩展。

（八）采收

耳片全部展开，颜色由透明转白，呈菊花状或鸡冠状，子实体稍有弹性，边缘部分变软下垂，每朵 150g 时，停水 1d，可采收。采收时，用锋利的刀片从料面将整朵银耳割下，留下耳基。银耳适时采收特别重要，采收过早，耳片尚未充分伸展，使耳根与耳片的比例过大，可食用的比例降低，而且外观不漂亮；采收过晚，耳片弹性变差，耳根容易褐变，口味也变差。

银耳属于一次性长耳、一次性采收的食用菌。代料栽培的银耳，一般只收一茬。有的菌袋营养尚未耗尽，还可以出一茬再生耳。采收时，留下的耳基以半球形为好，这样不易于积水腐烂，利于下茬耳片的萌生。再生耳的管理方法与首批相同，但再生耳产量低、质量差。

第十节　草　　菇

一、概述

草菇（*Volvariella volvacea*）又名兰花菇、美味草菇、美味苞脚菇、浏阳麻姑、中国蘑菇、秆菇、稻草菇、贡菇、南华菇等，属真菌界（Fungi）担子菌亚门（Basidiomycotina）伞菌纲（Agaricomycetes）伞菌目（Agaricales）光柄菌科（Plataceae）草菇属（*Volvariella*）。根据颜色草菇可以分为两大品系，黑草菇和白草菇。黑草菇的未开伞的子实体包被为鼠灰色或黑色，呈卵圆形，不易开伞，菇体基部较小，容易采摘，但抗逆性较差、对温度变化特别敏感；白草菇子实体包被灰白色或白色，包被薄，易开伞，菇体基部较大，采摘比较困难，但出菇快、产量高、抗逆性较强。按个体的大小，草菇分为大粒种、中粒种和小粒种。

草菇肉质肥嫩韧滑、味道鲜美、口感极好，同时具较高的营养价值。每 100g 鲜草菇含水量 92.38%，含蛋白质 2.66%、脂肪 2.24%、还原糖 1.66%、转化糖为 0.95%、灰分 0.91%。草菇的蛋白质含量较高，氨基酸种类齐全，多达 17 种，其中人体必需的 8 种氨基酸的含量都比较丰富，占氨基酸总量的 38.2%。此外还含有丰富的维生素 C、维生素 B_1、维生素 B_2 等，以及磷、钙、铁、钠和钾等矿物质。草菇还有药用价值，具有解毒作用，如铅、砷、苯进入人体时，可与其结合，形成抗坏血元，随小便排出。草菇能够减慢人体对碳水化合物的吸收，是糖尿病患者的良好食品。其维生素含量高，能增加机体对传染病的抵抗力，加速创伤的愈合，防治维生素 C 缺乏症。其性寒，味甘，能消食去热，促进产妇乳汁分泌，护肝健胃，降低体内胆固醇的含量，预防肿瘤发生，且具有抗癌的作用，对预防高血压、冠心病也有积极作用，是优良的食药兼用型营养保健食品。

草菇是一种喜温、喜湿、腐生于稻草等禾本科草类和废棉等纤维素废料上的菌类。草菇栽培起源于中国，距今有 300 多年的历史。现广泛分布于泰国、缅甸、马来西亚、印度、菲律宾、新加坡、印度尼西亚、越南等热带国家及中国南方地区。在我国主要分布于广东、广西、福建、湖南、台湾、海南等南方地区，很早就被当地人民广泛采集食用。近年来，欧美有些国家和地区也开始草菇栽培。我国的草菇栽培，也是由南方向北方逐步发展。目前，栽培地区有广东、广西、福建、湖南、湖北、江西、台湾、上海、浙江、江苏、安徽、北京、河北、山西、山东、河南、四川、云南等地。草菇栽培原料广泛，无须特殊设备，技术比较容易掌握，成本低、收效快。堆料栽培，从播种至收获只需要两周左右，为食用菌中收获最快的一种。

【分类学地位】真菌界（Fungi），担子菌亚门（Basidiomycotina），伞菌纲（Agaricomycetes），伞菌目（Agaricales），光柄菌科（Plataceae），草菇属（*Volvariella*）

【俗名】兰花菇、美味草菇、中国蘑菇、稻草菇、贡菇、南华菇

【英文名】straw mushroom；paddy straw mushroom；chinese mushroom；nanhua mushroom

【拉丁学名】*Volvariella volvacea*

二、形态特征及分布

【菌丝体】菌丝体灰白色，细长、稀疏、有光泽，爬壁性强。在显微镜下，菌丝无色透明，呈多细胞的细丝状结构，无锁状联合。在琼脂斜面及稻草、棉籽壳等培养基上，大多数次生菌丝体能形成厚垣孢子。厚垣孢子细胞壁较厚，处于休眠状态时，对干旱、寒冷有较强的抵抗力。厚垣孢子初期为淡黄色，成熟后变为深红褐色，细胞多核，大多数连接在一起呈链状，成熟后与菌丝体分离。当环境条件适宜时，厚垣孢子又能萌发成菌丝。

【菌盖】菌盖直径 5 ~ 19cm，初为钟形，后伸展且中部稍突起，边缘整齐，表面光滑，菌盖表皮干燥，灰色至灰褐色，中部色深，具放射状的纤毛状。

【菌肉】白色。

【菌褶】菌褶初为白色，后呈粉红色，与菌柄离生，由长短不一的刀片状的薄片组成，呈辐射状排列，每片菌褶由 3 层组织构成，最内层是菌髓，为松软斜生细胞，其间有相当大的胞隙；中间层是子实基层，菌丝细胞密集面膨胀；外层是子实层，由菌丝尖端细胞形成狭长侧丝，或膨大而成棒形担子及隔胞。

【菌柄】菌柄圆柱形，中生，直径 0.8 ~ 1.5cm，长 3 ~ 8cm，幼时内实，随着菌龄增长，逐渐变中空，质地粗硬纤维化。下与菌托相连，是支撑菌盖的支柱和输送养分的器官。

【菌托】幼嫩的草菇子实体由外菌膜包围，呈小的鸭蛋形，由于菌柄伸长，菌盖伸长，外菌膜破裂，露出菌盖和菌柄，外菌膜保留在基部形成菌托。菌托上部黑色，向下颜色渐淡，基部白色。菌托是子实体前期的保护被，又叫外包被。

【担孢子】孢子光滑，椭圆形，孢子最外层为外壁，内层为周壁，与担子梗相连处为孢脐，是担孢子萌芽时吸收水分的孔点。初期颜色透明淡黄色，后期为红褐色。（6 ~ 8.5）μm×（4 ~ 5.6）μm。孢子印粉红色。

【分布】野生分布于泰国、缅甸、马来西亚、印度、菲律宾、新加坡、印度尼西亚、越南等热带国家及中国南方地区。我国的栽培地区有广东、广西、福建、湖南、湖北、江西、台湾、上海、浙江、江苏、安徽、北京、河北、山西、山东、河南、四川、云南等地。

三、营养价值

【营养成分】据统计，每 100g 鲜菇含 207.7mg 维生素 C、2.6g 糖、2.68g 粗蛋白、2.24g 脂肪及 0.91g 灰分。草菇含 18 种氨基酸，其中必需氨基酸占氨基酸总量的 40.47%～44.47%。此外，还有磷、钾、钙等多种矿物质元素。

【功效】草菇是一种慢性滋补品，极为温和，很适合年长者和女性等身体抵抗力较弱的人食用。草菇具有解毒作用，当铅、砷、苯等进入人体时，草菇可与其结合，形成抗坏血元，随小便排出。草菇能够降低人体对碳水化合物的吸收，是糖尿病患者的良好食品。草菇可以缓解气管炎，对于高血压和动脉硬化都有帮助。草菇还能消食祛热，滋阴壮阳，增加乳汁，防治维生素 C 缺乏症，促进创伤愈合，护肝健胃，增强人体免疫力，是优良的食药兼用型的营养保健食品。

草菇可以防癌，其中的多糖类化合物能够抑制肿瘤，尤其是恶性肿瘤的发展。草菇中富含硒等矿物质微量元素，也对恶性肿瘤有预防效果。

草菇中含有的营养物质具有护肤的功效。其中，天然的植物性胶质物质，在被人体吸收之后能很好地发挥其所含有的功效，滋养身体。长期食用草菇可以起到很好的美容养颜的作用，经常熬夜或者是肤质不够完善的人群食用后，不仅可以护肤，还能滋补身体。

四、生长发育条件及生活史

（一）营养条件

草菇是一种草腐型真菌。所需的营养条件包括碳源、氮源、无机盐、维生素和生长激素等。草菇菌丝具有分解纤维素和半纤维素的能力，没有分解木质素的酶。富含纤维素的棉籽壳、稻草、秸秆、玉米秸、中药渣及栽培完其他食用菌的废料等均可用作栽培草菇的主料，提供碳源。能被草菇利用的无机氮主要是硫酸铵、硝酸铵等，有机氮主要是尿素、氨基酸、蛋白胨、蛋白质等，但草菇菌丝对无机氮利用效果不好，且草菇菌丝可直接吸收氨基酸和尿素等小分子的有机氮，蛋白质等高分子有机氮必须经过菌丝分泌的蛋白酶分解成为氨基酸才能被菌丝吸收利用。草菇利用的有机氮源有麸皮、米糠、玉米粉、饼肥、牛粪等。培养基中的氮源浓度对草菇的营养生长和子实体的形成有很大的影响。一般在菌丝生长阶段，培养基中的含氮量以 1.6%～6.4% 为宜，含氮量低时，菌丝生长受阻。在子实体发育阶段，培养基中的含氮量在 1.6%～3.2% 为宜，氮的浓度过高反而会抑制草菇子实体的分化和发育。此外，料中还需加入适量的磷酸二氢钾、过磷酸钙、石灰粉、石膏粉、硫酸镁等，补充钾、钙、磷、镁、硫等矿物质养分，以提高草菇产量。以前传统的草菇栽培多以稻草为主要原料，近年来，南方沿海各省多采用废棉为主要原料进行周年栽培，与使用稻草相比，产量可以提高 1 倍。

（二）环境条件

1. 温度

草菇属于高温型恒温结实性菌类。孢子萌发温度为 25 ~ 45℃，最适温度为 35 ~ 40℃；低于 25℃或高于 45℃，孢子都不能萌发。菌丝生长温度为 15 ~ 45℃，最适温度为 33 ~ 36℃；低于 15℃和超过 42℃，菌丝生长受到抑制；低于 5℃或超过 45℃，菌丝会很快死亡。子实体分化和生长发育的最适温度为 28 ~ 32℃，低于 20℃或高于 35℃，子实体均很难形成。

2. 湿度

草菇是喜湿性菌类，对湿度的要求比其他菌类高，草菇只有在适宜的水分条件下，才能正常生长发育。菌丝体和子实体生长需要的水分主要来自培养料，培养料含水量以 70% 左右为宜。菌丝生长阶段，空气相对湿度以 75% ~ 80% 为宜；低于 75% 时，菌丝生长明显减弱；高于 80% 时，菌丝生长不良，而且容易滋生杂菌。子实体分化和发育阶段，空气相对湿度以 85% ~ 95% 为宜；低于 80%，影响子实体分化，小菇蕾也容易枯死，而且子实体生长缓慢，甚至停止生长，菇体会出现干裂现象；高于 95% 时，子实体生长受阻，且容易感染病虫害。

3. 光照

草菇孢子萌发、菌丝体生长阶段不需要光照，但子实体生长发育需要散射光，在完全黑暗的条件下不形成子实体。光照充足时，子实体颜色较深、组织致密，质量较好；光线不足时，子实体颜色较浅、组织松软，质量较差。但光线太强也会抑制子实体的生长甚至导致死亡，一般光照强度维持在 50lx 比较适宜。

4. 空气

草菇是一种好气性真菌，菌丝和子实体生长发育过程中都需要有充足的氧气。如果通风不良，CO_2积累过多，菌丝生长和子实体发育都会受到影响。通风量不易过大，以免水分蒸发过多使气温下降，对草菇生长也不利，栽培草菇的场所，空气缓慢对流最好。

5. 酸碱度

草菇喜偏碱性的环境，孢子萌发的最适 pH 值为 7.4 ~ 7.5，菌丝体生长最适 pH 值为 7.5 ~ 8，子实体发育最适 pH 值为 8。人工栽培时，培养料 pH 值可调至 9 ~ 10，这样既可以防止杂菌感染，又可以缓冲由于菌丝生长产生有机酸而导致的 pH 值下降。

（三）生活史

草菇完整生活周期是从担孢子的萌发开始，经过菌丝体阶段的生长发育，形成子实体，并由成熟的子实体产生新的担孢子而告终，历时 4 ~ 6 周。

在适宜的环境条件下，担孢子萌发成初生菌丝。两条初生菌丝相互结合形成次生菌丝。在营养充足和适宜的环境条件下，菌丝体扭结，经过一系列的分化过程，最后发育产生新的子实体。在子实层发育的担子中，两个单倍体核融合形成一个双倍体核，再经过减数分裂，产生 4 个新的单倍体核；每个单倍体细胞核，通过担子小梗移入担孢子中，一个担子上则产生了 4 个担孢子，成熟后脱离子实体，又开始新的生活。

草菇属于同宗结合的菇类。除有性繁殖过程外，还有初生菌丝、次生菌丝在条件不良或生长到后期形成厚垣孢子的无性繁殖过程。子实体的发育过程有 6 个时期。

针头期。菌丝体扭结，形成白色小米粒状，里面上半部形成一个空腔，尚未有菌盖和菌柄的分化。

小纽扣期。针头期后 2～3d，空腔基部出现 1 个半圆形突起，黄豆大，内为菌盖、菌柄的原基，空腔外层组织为原始的外包膜。

纽扣期。整个子实体结构仍被外包被包裹着，内部菌盖增大，菌柄伸长，外包被也同时伸长。随后菌盖顶部与外包被密接，空腔逐渐减小。

蛋形期。外形似鸡蛋，顶部呈灰黑色而有光泽，向下颜色渐浅，外包膜即将破裂或已经破裂，在菌褶中开始形成担子，但未产生担孢子，是最适采收期。

伸长期。蛋期过后几小时内，菌柄迅速伸长，伸长部位主要集中在菌柄上半部，使菌柄几乎达到成熟时的长度。菌膜破裂残留于菌柄基部成为菌托。在菌柄伸长期，产生担孢子。菌褶的颜色由奶白色逐渐变为粉红色。

成熟期。菌盖呈钟形，随后逐渐平展。菌褶颜色由淡红色变为肉色，最后成为深褐色，这是成熟担孢子的颜色。当菌褶呈淡红色时，孢子便弹射出来，孢子弹射的时间大约 1d。

草菇子实体发育很快，从纽扣期到蛋形期约需 24h，从蛋形期到伸长期需 3～4h，需每天 2～3 次采菇。及时把分量重、外形好、肉结实、品质高的蛋形期草菇采收，随即进行加工或鲜售，以免其丧失商品价值。

五、栽培技术

（一）栽培季节

草菇为高温、高湿结合型食用菌，日均温稳定在 26℃以上，空气相对湿度在 80% 以上时为栽培草菇的适宜季节。草菇生产周期短，从播种到第一次出菇一般在 12d 左右，若只采两潮菇，整个生产周期仅需一个月，因此，各地栽培草菇的季节不完全一样，应结合当地气候条件，灵活调整、选择栽培季节。

（二）菌种制备

根据本地区的气候条件、原料来源、栽培条件，选择适应性和抗病性强、高产、优质的草菇品种，采用常规制种方法，按照确定的栽培时间制作好菌种。草菇菌丝在 PDA 培养基上，绒毛状菌丝洁白、透明、细长健壮，封口菌丝周围出现红褐色厚垣孢子，产生大量红褐色的厚垣孢子堆，为小粒种；若厚垣孢子较少，则为大粒种。以稻草为主料的菌种，菌龄控制在 15～18d；以棉籽壳为主料的菌种，菌龄控制在 20～22d。

（三）培养料的配制

可以栽培草菇的原料很多，一般以棉籽壳、稻草为好，因棉籽壳栽培草菇产量最高，稻草栽培的草菇品质好，而其他代料如麦秸、玉米秸、花生茎等都可以栽培草菇，但产量低。栽培时，要选用新鲜、无霉、无变质、未经雨淋的原料。如选择稻草时，要选择金黄色、无霉变的干稻草。牛粪、马粪、鸡粪、米糠、麸皮、饼肥、石灰粉、肥土等辅料用量为稻草干重的 5%～10%。常用配方有以下几种。

（1）稻草或麦秸 88%，草木灰 5%，石膏粉 2%，石灰粉 5%。

（2）稻草或麦秸 88%，麸皮或米糠 5%，石膏粉 2%，石灰粉 5%。

（3）稻草或麦秸 88%，干牛粪 5%，石膏粉 2%，石灰粉 5%。

（4）稻草或麦秸 83%，麸皮 5%，干牛粪 5%，石膏粉 2%，石灰粉 5%。

（5）棉籽壳 96%，麸皮 2%，石灰粉 2%。

（四）室外栽培

1.场地的选择

要选择背风向阳，供水方便，排水容易，肥沃的沙质土壤作为草菇的栽培场所。当在气温较低的季节种植草菇，应东西向做畦，且畦要高一些，可使菇床均匀接受阳光，利于提高堆温和促进子实体的发育；在气温较高的季节，应南北向做畦，且畦要低些，以利于通风散热。菇床畦高一般 15～25cm，宽 80～100cm，长度不限。做畦前应先灌水，水下渗后深翻，同时拌入石灰粉或浇入浓石灰水以灭菌杀虫，日晒 1～2d，以利以后保水、保肥及通气。

2.培养料的处理及播种

选择新鲜、无霉变的干稻草、麦秸或其他原料，将稻草放入 2%～3% 石灰水浸泡 24h 捞起，扭成草把，铺成畦面，压紧压实，在草层边缘 5cm 处撒一圈混合好的菌种，在第一层草层的外缘向内缩进 5cm 铺第二层草把，压实，在四周边缘 5cm 撒一圈混合好的菌种，每层都这样操作，一般铺 4～5 层草把。铺好后用碎稻草填充空隙，畦中心要略高于两侧，以利于升温、散热、排水等。上堆时应底大上小，以利于牢固不散堆，覆土前要踩水，使稻草中多余水分排出，以利于草菇菌丝生长。踩水后，在表面撒一层菌种，并在表面覆盖灭菌土壤，盖上薄膜。

3.发菌管理

接菌后，当料面温度高于 52℃时，要及时揭膜通风，喷水降温。一般高温季节每天揭膜喷水 2～3 次。以后堆中心温度要控制在 36～39℃，堆边温度控制在 33～36℃。堆温过高和过低都不利于草菇菌丝的生长，不利于获得高产。温度过高，容易烧死由堆边向内蔓延生长的草菇菌丝，易滋生鬼伞类杂菌，消耗堆中养料，且出菇晚，产量低；温度过低，外围的菌丝生长慢，并影响以后菌丝由堆边向堆内的扩展，也不易获得高产。

发菌期间堆内的含水量应控制在 75%～80%，大气相对湿度以 85%～95% 为宜。湿度的调节主要靠通风和喷水。喷水时，要注意不要直接喷到菌丝上，以防伤害菌丝影响出菇。发菌期的喷水要轻、要细。一般接菌 3～7d 菌丝可长满畦面。

4. 出菇管理

出菇期堆内中心温度最好控制在 34～39℃，堆边温度 31～37℃。主要通过淋水、通风、揭膜控制温度，具体方法同发菌期管理。幼菇在酷暑和低温条件下极易死亡，因此，控制好温度，预防幼菇死亡是获得高产优质的关键。出菇期草堆含水量应控制在 75%～85%，大气相对湿度以 85%～95% 为宜。水分管理主要是喷水。接菌 7～10d 后可以见白色的幼蕾，10～15d 后可采收第一批菇。

（五）室内栽培

1. 室内床式栽培

（1）培养料发酵。将培养料按配方充分混匀后，调节 pH 值为 8。将培养料在水中浸泡半天，滤掉多余水分，检查 pH 值。如 pH 值偏高，则用清水冲洗；如 pH 值偏低，则添加石灰粉。然后建堆发酵，堆高 1m、宽 1.5m，可根据实际情况确定长度，覆盖塑料薄膜以保温保湿。堆积 2～3d 后料温可升至 60℃以上，此时翻堆，再继续堆积 3～4d 就可以使用。将发酵好的培养料拌匀后铺到菇床上，培养料的厚度一般在 15cm 左右，依据气温的高或低，适当调整培养料的厚薄，气温高时培养料要铺薄一些，气温低时培养料要厚一些。铺料后，紧闭门窗，向菇房通入蒸汽或点燃火炉加温进行二次发酵，使菇房温度达到 65℃左右，并持续 4～6h，然后降温到 45℃，打开门窗，进行翻料，以排除料内有害气体，并使培养料厚薄均匀，松紧一致。

（2）播种。待培养料的温度降到 35～37℃时，即可播种。播种方法有穴播、条播、撒播等，一般采用条播或穴播。如穴播，将菌种掰成核桃大小播种，穴深 3～5cm，穴距 8～10cm。播种量占培养料湿重的 0.5%～3%，依据品种的萌发和生长能力决定播种量的多少。播种后在床面覆盖一层沙壤土，并在土层表面适量喷洒 1% 的石灰水，保持土层湿润，并覆盖薄膜。

（3）发菌管理。播种后一般 3d 内不揭膜，以保温、保湿、少通风为原则。但要每天检查温度，使料温保持在 33～38℃。当料内温度超过 40℃时，要及时揭膜通风换气、散热降温，防止高温抑制菌丝生长；当料温低于 30℃时，要设法提高棚内和料内温度。接种后 4d 左右，揭去薄膜，夏天高温季节也可以 3d 揭膜。播种后 4～5d 喷出菇水，使料面的气生菌丝贴生于料面，喷水后适当通风换气，避免引起菌丝徒长。

（4）出菇管理。喷出菇水后，保持棚室内温度 28～30℃，最高不超过 32℃，波动范围不要太大，空气相对湿度保持在 85%～95%，增加散射光照，诱导草菇原基形成。一般情况下，播种第 7d 左右可明显看到白色小粒状草菇子实体原基，即针头期。当开始形成原基后，向空间、地面喷水以增大湿度，尽量不要将水喷洒到料面的原基上，因为原基对水特别敏感，喷量稍大，原基沾上水珠即容易死菇。加大通风量，降低棚室内 CO_2 浓度，以免出现畸形菇。为了保持菇房内的湿度，最好在通风前向空间及四周喷水，然后再打开门窗进行通风。

2.熟料袋栽

（1）拌料。拌料时，先将稻草、棉籽壳等主要原料和不溶于水的麸皮、米糠、草木灰等辅助原料按比例称好后混匀，再将易溶于水的石灰粉、石膏粉等辅料称好后溶于水中，拌入料内，充分拌匀。调节含水量为70%左右，pH值为9左右。

（2）装袋、灭菌及接种。将培养料充分拌匀后，选用聚丙烯或聚乙烯塑料袋栽培。装料时边装边轻轻压实使袋内料均匀分布。装好的袋料要当天灭菌，防止pH值下降和杂菌滋生。常压灭菌要求在100℃保持14～16h，高压灭菌在121℃保持2h。当料温降至30℃以下时接种，要严格按照无菌操作规程进行。

（3）发菌管理。菌袋堆放的高度应根据季节而定，一般每堆可堆放3～4层。温度高时，每堆层数2～3层。培养室的温度最好控制在32～35℃。接种后4～5d，当菌丝吃料2～3cm时，将袋口松开一些，增加袋内氧气，促进菌丝生长。在正常管理下，一般10～13d菌丝可以长满全袋。

（4）出菇管理。将长满菌丝的菌袋卷起袋口，排放于床架上或按墙式堆叠3～5层，覆盖塑料薄膜，提高栽培室的空气相对湿度至95%左右。经过2～3d的管理，菇蕾开始形成，这时可掀开薄膜。当菇蕾长至小纽扣大小时，才能向菌袋上喷水，菇蕾长至蛋形期时即可采收，可采收2～3批草菇。

（六）采收

如生长环境适宜，在草菇播种后第11d左右也就是蛋形期即可采收，此时菇蕾表面光滑、饱满、上部颜色较深、四周颜色较浅、菌膜尚未破裂。如果采收过早，则产量低；采收过迟，即菌膜破裂后采收则产品品质降低。采收时采大留小，小心采摘，注意不要损伤周围幼小菇蕾。要旋转摘下，切忌用力拔起损伤菌丝。头潮菇采完后，应及时整理床面，清除菇脚和死菇，以免其腐烂后引起病虫害。喷洒1%的石灰水，以调节培养料的酸碱度和湿度，适当通风后覆盖塑料薄膜，5～7d后可出第2潮菇。通常可收2～3潮菇，每潮有3d左右的采摘期。

第十一节　柱状田头菇

一、概述

柱状田头菇（*Agrocybe cylindracea*）又名茶树菇、柱状环锈伞、柳松茸等，属于真菌界（Fungi）担子菌亚门（Basidiomycotina）层菌纲（Hymenomycetes）伞菌目（Agaricales）

粪锈伞科（Bolbitiaceae）田头菇属（*Agrocybe*）。因其原生于南方油茶树上，而得名茶树菇。

茶树菇营养丰富、香味浓郁、味道鲜美，烤制干菇更是风味独特、清香浓郁。茶树菇是一种高蛋白，低脂肪，低糖分，集营养、保健、理疗于一身的绿色食品。据测定，每100g茶树菇干品中含蛋白质14.2g，纤维素14.4g，糖9.93g；含钾4 713.9mg，钠186.6mg，钙26.2mg，铁42.3mg。茶树菇含人体所需的18种氨基酸，包括人体8种必需氨基酸，其中含量最高的甲硫氨酸为24.9mg，其次为谷氨酸、天冬氨酸、异亮氨酸、甘氨酸和丙氨酸。中医认为，茶树菇性平、甘温、无毒，益气开胃，老少皆宜。具有补肾滋阴、健脾胃、提高人体免疫力、增强人体防病治病能力的功效，常食可起到抗衰老、美容等作用。现代医学研究表明，茶树菇由于含有大量的抗癌多糖，其提取物对小白鼠肉瘤180和艾氏腹水瘤的抑制率高达80%～90%，有很好的抗癌作用。因此，人们把茶树菇称作“中华神菇”“抗癌尖兵”。临床实践证明，茶树菇对肾虚尿频、水肿、气喘，尤其对小儿低热尿床，有独特的功效。

茶树菇在自然野生条件下分布于福建、江西、湖北、贵州、广西、云南等地，人工驯化栽培始于福建、江西交界武夷山麓的江西省黎川、广昌。茶树菇的人工栽培，在公元前50年已开始进行。茶树菇生产投资少、见效快、生产周期短，栽培茶树菇的原料来源广泛，还可促进农业生产良性循环。我国目前用于茶树菇栽培的原料很多，可利用工农业生产中的各种下脚料。目前，茶树菇在菌种培育、出菇管理、栽培工艺等方面已取得重大突破，取得很高的经济效益和社会效益。

【分类学地位】真菌界（Fungi），担子菌亚门（Basidiomycotina），层菌纲（Hymenomycetes），伞菌目（Agaricales），粪锈伞科（Bolbitiaceae），田头菇属（*Agrocybe*）

【俗名】茶树菇、杨树菇、茶薪菇

【英文名】black popular mushroom；south popular mushroom

【拉丁学名】*Agrocybe cylindracea*

二、形态特征及分布

【菌丝体】菌丝为白色、绒毛状、较细，菌丝组成菌丝群，锁状联合成双核菌丝。双核菌丝分枝粗壮、繁茂、生活力旺盛，生理成熟时，由原基分化形成子实体。

【菌盖】菌盖表面光滑，幼时半球形，后渐伸展至扁平，中央稍突起，菌盖直径2～10cm，初期暗红褐色，有浅皱纹，后渐变为淡褐色，至淡土黄色，平滑或中部有较多条纹，菌盖厚0.8～2cm。

【菌肉】菌肉白色、肥厚。

【菌褶】菌褶密，不等长，初白色，成熟后呈污黄锈色至咖啡色。有内菌膜，白色，开伞后形成菌环，上位，易脱落。

【孢子】孢子卵圆形至椭圆形，淡褐色或咖啡色。（8～11）μm×（5.2～7）μm。孢子印锈褐色。

【分布】我国四川、云南、福建、吉林、辽宁、浙江、贵州、广西、台湾等地。亚洲的其他一些国家，以及欧洲和北美洲的一些国家和地区亦有分布。

三、营养价值

【营养成分】活性提取物，茶树菇多糖；茶树菇溶血素类蛋白质。

【功效】抗衰老、抗氧化；增强T淋巴细胞、B淋巴细胞、巨噬细胞等机体细胞的功能，进而进行免疫调节；茶树菇溶血素类蛋白质能与脂膜相互作用，具有溶血活性，可以透化脂囊泡，并能与血清脂蛋白相结合，具有细胞毒素活性，同时具有抗癌、抗恶性细胞增生和抗细菌活性特型；抑菌作用（金黄色葡萄球菌、大肠杆菌）；缓解肌肉疲劳；降血脂。

四、生长发育条件及生活史

（一）营养条件

茶树菇为木腐菌，可生长于油茶树、杨树、榆树、柳树、榕树、桦树等多种阔叶树的枯木上。茶树菇中漆酶活力低，利用木质素能力差，而蛋白酶的活力较强，菌丝对蛋白质的利用力强，对纤维素也能很好地利用。在人工栽培中，主要营养源是碳源、氮源和无机盐及生长素。碳源是茶树菇的主要营养来源。一般采用棉籽壳、木屑、作物秸秆作为碳源；氮源是茶树菇合成蛋白质和核酸必不可少的主要原料，麸皮、玉米粉、尿素、氨基酸、蛋白胨和蛋白质等含有丰富的氮源，它们可满足菌丝生长过程中对氮素的需求；无机盐如磷、钾、镁、钙等矿质元素，能促进菌丝生长和子实体生长发育。石膏粉及石灰粉中含有丰富的钙离子，生产时可在培养料中添入适量的石灰粉、石膏粉等。其他的矿质元素，在培养料和水中的含量已足够，不必另外添加。

（二）环境条件

1.温度

茶树菇属中温偏高型食用菌，在温带、亚热带地区从春季至秋季均可栽培。菌丝在4～38℃均能生长，适宜温度为23～26℃，在低至-14℃或高至40℃温度下不会死亡。温度过高，菌丝容易老化变黄，当温度在38℃以上时，菌丝生长受到抑制；当温度低于4℃时，菌丝生长速度明显变慢，低于-14℃时，菌丝停止生长，处于休眠状态，温度一旦回升，菌丝又能恢复正常生长。原基形成温度为16～24℃，以18～22℃最好，温度较高或较低都会推迟原基分化。子实体形成温度为10～35℃，最适温度为15～27℃，温度较低时子实体生长缓慢，但组织结实，质量好；温度较低时易开伞，且菇盖薄。子实体发育期适当加大昼夜温差有利于子实体发育。

2. 湿度

在茶树菇培养过程中，要求培养料含水量为65%左右。低于50%容易出菇，但产量低；高于68%菌丝生长减慢、纤弱。子实体形成时，空气湿度以85%～95%为宜。

3. 光照

茶树菇菌丝生长不需要光照，在黑暗环境中能正常生长。紫外线对菌丝生长有抑制作用，因此应注意遮阴避光。原基分化和子实体形成时，则需要一定的散射光，完全黑暗的条件下，不能形成原基。适当的散射光，对原基形成和子实体发育有促进作用；光线不足时，出菇变慢，菇体变淡，菇柄变长，并有明显的趋光性。

4. 空气

茶树菇属于好气性真菌。菌丝短期缺氧时，就借助于酶解作用消耗大量营养物质来维持生命活动，会使菌丝逐渐衰弱，寿命缩短；严重缺氧时，菌丝生长受阻，纤弱，易产生畸形菇，且容易受杂菌污染。子实体生长过程中，若通风不良，原基形成慢，菇柄粗，菌盖小，出菇不整齐。茶树菇在吸收氧气，排出CO_2时，放出的CO_2常积累在培养料的表面，影响菌丝的正常呼吸。为此，要保持菇房内空气新鲜，以保证正常的含氧量，促使子实体生长发育。因此，菇房内应经常通风换气，保持空气新鲜。

5. 酸碱度

茶树菇菌丝对酸碱度适应范围较宽，在pH值5～12之间均可正常生长，最适pH值为5～7，pH值低于5或高于7时菌丝和子实体生长不良。

（三）生活史

茶树菇是一种异宗结合的四极性担子菌，整个生活史包括营养生长和生殖生长两个阶段。营养生长主要由无性繁殖的方式度过漫长的营养生长，双核菌丝体不断分枝增殖直至成熟。由担孢子萌发产生的菌丝叫初生菌丝，初生菌丝开始时为多核，到后来产生隔膜，把菌丝隔成单核的菌丝。单核菌丝纤细，分枝角度小，生长缓慢，生命力较差。初生菌丝生长到一定阶段，两个不同性别的可亲和的单核菌丝通过菌丝细胞的接触，彼此沟通，原生质融合在一起，形成锁状联合。锁状联合与细胞分裂同步发生。分裂后每个细胞中含有两个细胞核。这种双核菌丝，分枝角度大，粗壮，生命力旺盛。当它生长到一定的数量，菌丝体便缠结在一起，形成原基，在适宜的环境条件下，分化形成子实体。子实体成熟后，可产生大量的有性孢子。

五、栽培技术

（一）栽培季节

茶树菇栽培应根据菌种类型、季节和当地气候环境进行安排。茶树菇菌丝在4～38℃都能生长，最适温度为23～26℃；子实体形成温度为10～35℃，最适温度为15～27℃。

北方地区可进行春秋两季栽培，春季2—3月制袋、4—6月出菇；秋季8—9月制袋，10—11月出菇。南方地区可以常年栽培。在接种后40～50d内，当地气温不能超过32℃，并且从接种日起，往后推60d进入出菇期时，当地气温不超过30℃、低于15℃。由于茶树菇的抗逆性差，在生产中常采用熟料栽培法。

（二）菌种制备

根据当地的气候条件选择适宜当地栽培的茶树菇品种，选择适应性和抗病性强、高产、优质的草菇品种，采用常规制种方法，按照确定的栽培时间制作好菌种。

（三）配料、装袋与灭菌

栽培茶树菇的主要原料有木屑、棉籽壳、玉米芯等；辅料有麸皮、玉米粉、黄豆粉、饼肥等。原辅材料的选择因各地而异，充分利用当地资源，利用农副产品下脚料，尽量降低成本。在树木资源丰富的地方应以木屑为主料，辅以棉籽壳、麸皮、米糠和玉米粉。在产棉区应以棉籽壳为主要原料，搭配一定量的木屑。原料应新鲜、干燥、无霉变、无虫蛀、无异味。

（1）木屑40%，棉籽壳35%，麸皮15%，玉米粉8%，石膏粉1%，蔗糖0.5%，磷酸二氧钾0.4%，硫酸镁0.1%。

（2）棉籽壳77%，麸皮16%，玉米粉5%，石灰2%。

（3）棉籽壳60%，木屑18%，麸皮20%，石灰2%。

（4）玉米芯30%，棉籽壳45%，麸皮15%，玉米粉5%，蔗糖3%，石灰2%。

按所选配方称取原料后拌料，使各种材料及水分混合均匀。调整培养料含水量至65%左右。将配制好的培养料用机械或人工的方式装入塑料袋内。装料时要避免原料刺破塑料袋，同时装料要紧实无空隙，否则袋壁之间易形成原基，消耗养分。装袋后应及时灭菌，常压灭菌要求在100℃保持14～16h，高压灭菌在121℃保持2h。灭菌结束后，将料袋置于洁净处冷却。菌袋一定要冷却至28℃以下时才可以进行接种工作，要不然由于袋内温度过高，菌丝生长缓慢或不生长。

（四）接种

接种前应检查菌丝是否浓密、洁白，袋子或瓶子是否破裂，菌龄应在35～40d，菌丝不能老化。操作过程中应严格按无菌操作程序进行。

（五）发菌管理

发菌时，培养室温度应控制在23～28℃，空气相对湿度保持在70%左右，要经常通风换气。茶树菇菌丝萌发比较慢。接种后1～5d，料温较低，此时可适当提高温度，控制在25～28℃，使菌丝处于最适生长温度。培养10d左右应检查菌袋是否被杂菌污染，如有污染要及时处理，同时适当降温，控制在23～28℃，此时菌丝已完全萌发。当菌丝生长超过菌袋一半时，呼吸加强，代谢活跃，产生大量热量，此时要加强通风换气和降温管理，室内温度控制在23～26℃。菌丝培养期间应遮光，如光线强，菌袋内壁形成雾状，并挂满水珠，基质内水分蒸发，菌丝生长迟缓，后期菌棒出现脱水，并且菌袋受强光照射，原基早现、菌丝老化，会影响产量。菌袋培育60d左右，菌丝分泌色素吐黄水，菌袋表面全部转色，培养料的颜色进一步变淡，菌丝体积累了大量的营养物质，这时应进行出菇管理。

（六）出菇管理

待茶树菇的菌丝长满菌袋后，将袋口解开，保持室温20～28℃。茶树菇属不严格的变温结实性菇类，没有昼夜温差刺激也能正常出菇。但温差刺激有利于菌丝从营养生长转为生殖生长，促进菇蕾的形成。散射光有利于原基的快速形成，适宜光照强度为500～800lx。菌丝受到光线刺激，且供氧充足时，会分泌色素吐黄水，使菌袋表面菌丝变成褐色；随时间延长，菌丝体颜色加深，表面形成一层褐色菌皮，对菌丝有保护作用，并防止水分蒸发、抵御外界不良环境。菇蕾出现后，切勿直接向菌体喷水，否则湿度过高会造成烂菇、死菇，可向地面或空间喷洒一定水分，将空气湿度控制在95%左右。

秋菇管理：秋季出菇，自然气温较低，空气干燥，昼夜温差小。前期气温偏高，因而保湿、通风、防杂菌污染是管理重点；中期气温转凉，温差大，应利用温差，保湿、通风、增加光照，以促进出菇；后期气温较低，主要做好保温、保湿。

春菇管理：春季气温由低向高递升，温湿度都适宜茶树菇的栽培。春菇品质前期较好，后期稍差，若遇到较干燥的天气，空气湿度比较小，且温度持续上升至28℃以上，将影响出菇。春菇后期管理应降温，增湿，加强通风换气，保持环境清洁卫生，避免杂菌污染。

（七）采收

茶树菇从现蕾到采收一般需要5～7d。当菌盖呈半球形，菌环还没脱离菌盖时采收。采收时要整丛一起拔起，然后摘除残留的菇脚。适时采收是茶树菇获得高产的重要环节，又是保鲜、加工和干制的最初环节，具有很强的时间性。采收过早，产量低；采收过迟，菌体开伞，组织变老，会产生大量的褐色孢子，失去商品价值。采收后，菇房温度控制在18～27℃，相隔12～15d采收一次，采收2潮菇后，需给菌棒补水，一般可采收3～4次。

第十二节　灵　芝

一、概述

灵芝（*Ganoderma lucidum*）又名赤芝、红芝、灵芝草、仙草、丹芝、瑞草、木灵芝、菌灵芝、神草、神芝、万年蕈等，属真菌界（Fungi）担子菌亚门（Basidiomycotina）伞菌纲（Agaricomycetes）多孔菌目（Polyporales）灵芝科（Ganodermataceae）灵芝属（*Ganoderma*）。全世界已发现有120多个种，其中我国有87个种，目前已能人工栽培的有红芝、紫芝、白芝、黑芝等。根据文献资料，灵芝按用途划分为以培养菌丝体浸提制药为主的药用灵芝，以观赏或保藏为目的的观赏灵芝，以食用保健为目的的食用灵芝3种。灵芝见图1-3。

灵芝的药用在我国有着悠久的历史，中医名著如《神农本草经》《重修正和经史证类备用本草》及《本草纲目》等均指出：灵芝有“益心气生血，助心充脉”“安神，坚筋骨，利关节”“益脾气、补肝气、益精气”等功效。灵芝性温，味苦涩，能滋补强身，具有镇静、健胃、健脑、解毒、消炎等综合功效。灵芝含有多种矿质元素，特别是有机锗的含量非常高。这种有机锗能促进新陈代谢、延缓衰老、增强体质，还能消除血液中的胆固醇、脂肪、血栓及其他物质，使血液循环畅通。灵芝子实体所含的有机锗是人参的4~6倍，即800~1 000mg/kg。灵芝中的灵芝多糖可以提高人体免疫力，增强体质，有防癌抗癌的作用。此外，灵芝中还含有其他一些对人体有益的成分，如甘露醇、麦角甾醇，它们能调节脂肪细胞中中性脂肪的代谢。灵芝的苦味成分属于三萜类物质，这类物质可促进机体的消化机能，还具有抗过敏和抗发炎的作用。医药界证明，在灵芝中多糖、三萜类化合物、有机锗的含量是其他真菌难以相比的，所以，灵芝除对癌症、脑出血和心脏病都有疗效之外，对胃肠、肝脏、肾脏也有保健作用，对白血病、神经衰弱、慢性支气管炎、哮喘、过敏、风湿性关节炎、鼻炎、糖尿病、高血压、低血压、牛皮癣、痔疮、便秘、高血脂等多种疾病也有显著疗效。此外还有强精、消炎、镇痛、抗菌、解毒、利尿、净血、美容等多种功效，成为万药之首。灵芝成熟后能释放大量担孢子，在临床上，灵芝孢子具有安神、镇静和治疗肌肉萎缩的功能，“肌生注射液”的主要原料就是灵芝担孢子。由于灵芝孢子粉具有很高的经济价值，日益受到栽培者的重视。

灵芝品种多样，分布广泛。野生灵芝主产于热带及亚热带地区的山林中，温带也有分布，一般适宜300~600m海拔的山地生长。在我国主要分布于北京、山西、山东、江苏、浙江、福建、江西、湖北、湖南、广西、广东、四川、贵州和云南等地。灵芝可以说是人类历史上第一个人工栽培的大型真菌，它的诞生与道家服饵方术密切相关，从公元1世纪开始到现在已有约2 000年的历史。人工栽培灵芝的方法大体上可分为段木栽培和代料栽培两种。灵芝还具有很高的观赏价值，其颜色鲜艳、形体多姿、造型奇特，常做成盆景陈列于室内，古朴典雅，是人们喜爱的艺术作品。

【分类学地位】真菌界（Fungi），担子菌亚门（Basidiomycotina），伞菌纲（Agaricomycetes），多孔菌目（Polyporales），灵芝科（Ganodermataceae），灵芝属（*Ganoderma*）

【俗名】赤芝、红芝、菌灵芝、木灵芝

【英文名】ling zhi mushroom；reishi mushroom

【拉丁学名】*Ganoderma lucidum*

二、形态特征及分布

【菌丝体】灵芝菌丝体白色，直径 1～3μm，有分枝，在基质表面匍匐生长，略有爬壁但不明显。菌丝生长速度快，10d 左右可长满斜面，菌落表面逐渐形成菌膜，分泌色素。菌丝稍老化时，接种块附近呈淡黄色或浅黄褐色。

【菌盖】子实体一年生，菌盖呈肾形、半圆形或近圆形，表面有同心纹或放射状纵纹，直径 3～32cm，厚 0.6～2cm，表面灰白、黄褐、紫红、紫黑，外缘颜色最淡，向内颜色加深，有漆样光泽，边缘锐或稍钝，常稍向内卷。成熟后菌盖背面有多孔结构的子实层，管口圆形，菌肉淡白色或木材色，接近菌管处常呈淡褐色或近褐色。

【菌柄】菌柄近圆柱形，木栓质，侧生、偏生或罕见近中生，与菌盖同色，有光泽。菌柄长 2～20cm，其粗细与长短随环境条件而变化，营养不足，菌柄细长，反之则粗壮。通气良好，菌柄较短。

【孢子】管内着生孢子，孢子卵形，双层壁，分为内孢壁和外孢壁，外壁透明呈膜状，内壁呈深棕色，很厚，内壁有小刺，有时中间有油滴。（8.5～11.5）μm×（5～7）μm。孢子印褐色或棕红色。

【分布】我国北京、四川、贵州、云南、河北、山东、山西、安徽、江苏、浙江、江西、广西、福建、海南、广东、湖南、河南、黑龙江、西藏、吉林、陕西、甘肃、青海和台湾等地。日本以及欧洲、北美洲的一些国家和地区亦有分布。

三、营养价值

【营养成分】微量元素（锰、镁、钙、铜、锗、锶、锌、铁、铍、硼、铬、镍、钒、钛等）；有机锗的含量是人参的 4～6 倍、枸杞的 100 倍，即 800～1 000mg/kg；灵芝多糖；三萜类化合物（灵芝醇、灵芝醛、灵芝酸）；核苷类；甾醇类（近 20 种）；生物碱类；氨基酸多肽类；灵芝纤维素。

【功效】补气安神，止咳平喘。有机锗使血液循环畅通，增加红细胞携氧能力，延缓衰老，能调整人体不正常电位的功能，抑制病症的恶化。灵芝有机锗是一种倍半氧化物负离子排成的网状结构，是一种高效抗癌物质，能提高人体免疫功能，增强体内细胞诱生干扰素，能激活多种酶的活性，促进新陈代谢。有机锗还是一种抗氧化剂，能防止脂质过氧化，清除自由基，净化血液，促进细胞新陈代谢，延缓机体衰老，能与体内的重金属和有毒物质结合生成锗化合物排出体外等作用。灵芝多糖能提高肌体免疫力和肌体耐缺氧能力，消除自由基，抑制肿瘤，抗放射，提高肝脏骨髓血液合成 DNA、RNA 和蛋白质能力，延年益寿等。

四、生长发育条件及生活史

（一）营养条件

灵芝是一种木腐菌，在自然界中通常生长在树桩和朽木上，但也能在某些活的树上寄生，其营养物质以木质素、纤维素、半纤维素和淀粉等为主要碳源，在栽培中通常加入一定量的麸皮、米糠、豆饼粉等作为氮源，它同时也需要钾、镁、钙、磷等矿质元素。灵芝基质的碳氮比以 20：1 为宜，若培养基中的氮素多，碳素营养过少，菌丝体往往会徒长，推迟子实体的形成。若氮素营养不足，碳素营养过多，则菌丝生长不良。

灵芝既可段木栽培，又可代料栽培。在段木栽培中所需要的营养物质可以从段木的韧皮部和木质部中获得，在代料栽培中所需要的营养物质要从培养料中获取。因此，培养料中的主料与辅料的合理配比，是栽培灵芝高产优质的基础。

（二）环境条件

1. 温度

灵芝属高温型恒温结实性菌类。孢子萌发的适宜温度为 24 ~ 26℃。菌丝体生长的温度范围为 3 ~ 40℃，最适生长温度为 25 ~ 30℃，超过 40℃菌丝体停止生长，低于-13℃菌丝死亡。子实体分化的温度为 18 ~ 30℃，最适温度为 26 ~ 28℃。子实体在 25℃条件下，子实体生长较慢，菌盖小，但质地坚实，色泽光亮；在 30℃以上虽然生长速度快，个体生长周期短，但菌盖薄，质地差。一般以 26 ~ 28℃培育子实体较好，持续在 35℃以上或 18℃以下子实体则不能分化。变温条件对子实体的分化与发育不利，容易产生厚薄不均的发育圈，使菌盖变形。

2. 湿度

灵芝喜湿，在高温季节栽培，水分很容易散失，因此培养料中的水分一定要适宜。在代料栽培中，基质的含水量为 60% ~ 65%；在段木栽培中，段木的适宜含水量为 40% 左右，过高或过低均不利于菌丝体的生长。菌丝体生长阶段空气相对湿度以 60% ~ 70% 为宜，如果高于 70% 则容易造成杂菌污染，低于 60% 易造成培养料失水，菌丝干缩。子实体生长阶段的空气相对湿度应保持在 90%。湿度过低不产生子实体或子实体生长不良，菌盖边缘幼嫩乳白色的生长点将变为老化的暗褐色，一旦出现这种情况，以后再加大空气相对湿度也难以恢复正常。因此在管理时要注意喷水保湿，并处理好保湿与通风的矛盾。

3. 光照

灵芝在菌丝生长阶段不需要光照，光照对菌丝生长有明显的抑制作用。光线对子实体生长发育非常重要，在黑暗条件下，子实体原基就不能形成。如果光照不足，子实体呈黄白色，无光泽，柄长、盖小或菌盖不分化，商品价值低。当光照为 300 ~ 1 000lx 时，子实体具完整的外形，菌盖、菌柄分化完全。若光照低于 100lx 时，大部分灵芝无法形成菌盖。光照大于 5 000lx 时，子实体生长常呈短柄或无柄。此外，灵芝具有很强的趋光性，子实体总是朝着有光源的方向生长，幼小的子实体趋光性更强。因此，在栽培管理过程中，不要经常改变光源的方向，以免造成子实体畸形。

4.空气

灵芝是好气性真菌，对氧气的需求量大。在菌丝体生长阶段，氧气不足时菌丝生长缓慢，严重缺氧时，菌丝停止生长或窒息死亡。在子实体生长阶段，要求空气中的CO_2含量为0.03%，当CO_2浓度增至0.1%以上时，菌柄呈鹿角状分枝，甚至不能分化菌盖，严重影响灵芝的商品价值。因此，人工栽培灵芝必须注意培养场所的通风换气。

5.酸碱度

灵芝喜欢弱酸性环境，菌丝体在pH值为3~7.5均能生长，适宜的pH值为4.5~5.2。在代料栽培时，常采用自然pH值，过酸或过碱都不利于菌丝生长。

（三）生活史

灵芝的生活史是从担孢子萌发开始，到再形成担孢子而结束。灵芝的担子倒卵形，一端着生在菌管的孔壁上，另一端长有4个卵形的褐色担孢子。当担孢子成熟后，在适宜的条件下萌发成单核菌丝，两性单核菌丝结合，形成具锁状联合的双核菌丝。双核菌丝洁白粗壮，生长迅速，分解木质素、纤维素的能力强。生长到一定时期菌丝体表面呈现黄褐色，形成一层很厚而结实的菌皮，起着保护和防御的作用，有利于子实体的形成和分化。当双核菌丝生长到一定时期，在适宜条件下，基质表面的菌丝开始扭结，形成原基，原基逐渐膨胀伸高，发育成子实体。子实体成熟后，产生新一代的担子和担孢子，即完成一个生命循环过程。

五、栽培技术

（一）栽培季节

灵芝属于高温结实性菌类，其菌丝体发育和子实体的形成都需较高的温度，最适宜温度为25~28℃。在我国，灵芝栽培季节的选择主要依据灵芝子实体自然发生的季节及栽培方式而定。根据北方气候特点，5月气温开始回升，该月平均气温在20℃左右，接种后的菌丝体约经25~30d发菌完毕，6—9月正是灵芝子实体生长最适宜的季节。因此，灵芝栽培适宜季节应在3—4月制备菌种，5月投料栽培发菌。如果有加温、控温设施，则可延长栽培时间。

（二）菌种制备

应该根据当地的自然条件，选择适应性广、稳定性好、抗杂抗污染能力强、品质好、产量高的优良灵芝菌种。良好的灵芝菌种在斜面培养基表面，菌束呈线状、洁白粗壮，培养基内菌丝发达。

（三）栽培方法

1.短段木熟料栽培

短段木熟料栽培是传统栽培灵芝的方法。此方法的优点为灵芝品质好、生物转化率较高、经济效益好、成品及合格率高等。

（1）树种选择及处理。灵芝产量的高低及品质的优劣主要取决于段木的营养成分，栽培灵芝主要用木质较坚硬的壳斗科、金缕梅科、大戟科、桦木科、胡林科、桑科、铃木科、榆树科、椴树科、蔷薇科等树种。应在树木休眠期砍伐，这个时期树木中贮藏的养分多，含水量少，韧皮部和木质部结合紧密，伐后树皮不易剥落。且这一时期树木杂菌与害虫也少。树木胸径以 5～15cm 为宜，砍伐运输过程中要保持树皮完整。要在灵芝栽培前 15d 左右采伐，接种前 1 周左右截段，长度一般为 12cm，然后用草绳、塑料绳、铁丝等将小段木捆成捆，捆的切面要平，周围棱角要削平，以免刺破塑料袋，造成杂菌污染。如果段木过干，可以浸入到清水中 1～3h，调整段木含水量。根据段木的长度选择塑料袋的规格，将段木装入后，两头绑紧。

（2）灭菌。常压灭菌要求在 100℃保持 14～16h，高压灭菌在 121℃保持 2h。

（3）接种。选择菌丝洁白、健壮浓密、无杂菌污染、无褐色菌膜、生长旺盛的菌种，菌龄最好不要超过 40d。严格按照无菌操作规程进行接种。主要在段木两端接种，中间可不接。菌种要紧贴段木切面，这样发菌快，污染少，成活率高。接完菌种后即可搬入培养室培养。

（4）发菌管理。第一步，发菌。接好菌种的菌袋要在通风、干燥、黑暗的环境条件下培养，温度要保持在 25～28℃。一般培养 20d 左右，菌丝可长满段木表面。在菌丝生长过程中菌袋内会产生大量水珠，这时可结合刺孔放气减少菌袋内积水。开门窗通风换气增加袋内氧气，促进菌丝向木质部深层生长。培养 70d 左右，菌丝可长满菌袋。第二步，脱袋覆土。脱袋覆土应在菌丝长满菌袋、表面用手挤压有弹性时进行。根据灵芝生理特性，菌木埋土应选择气温在 15～20℃的晴天或阴天上午进行，切忌在雨天操作。一般畦宽 1.5m，畦高 10～15cm。将脱袋后的段木竖直排立在畦内，段木间隔 5cm，行距 10cm。将段木排好后，表面覆土厚 2cm 左右。

（5）出芝管理。灵芝是恒温结实性菌类，生长最适温度为 26～28℃。灵芝段木覆土后，通常 20d 左右即可现蕾。灵芝生长需要较高的湿度，子实体分化和生长过程要保持空气相对湿度为 80%～90%，土壤湿度前期应保持在 16%～18%。在水分管理上，要本着晴天多喷、阴天少喷、雨天不喷的原则。灵芝生长对光照相当敏感，如过阴，灵芝子实体柄长盖小，通气不良，则形成“鹿角芝”。光线控制的原则，是前期光线弱，有利于菌丝的恢复和子实体的形成；后期提高光强，有利于灵芝菌盖的增厚和干物质的积累。灵芝为好气性真菌，在良好的通气条件下可形成正常肾形菌盖，如果空气中 CO_2 浓度增至 0.1% 以上，则只长菌柄，不分化菌盖。为减少杂菌危害，在高温高湿时更要加强通气管理。

当发现畦内子实体有相连可能性时，要及时旋转段木，不让子实体互相连接。并且要控制段木上灵芝的朵数，一般直径 15cm 以上的段木结芝 3 朵为宜，15cm 以下的段木结芝 1 朵为宜，朵数过多会使品质降低。

2. 代料栽培

（1）培养料的配方及制备。代料栽培灵芝的原料来源广泛，各地可因地制宜选择适宜的培养料。一般常用的配方有以下几种。

① 棉籽壳 83%，玉米粉 15%，石膏粉 1%，蔗糖 1%。

② 木屑 78%，麸皮 20%，石膏粉 1%，蔗糖 1%。

③ 棉籽壳 44%，木屑 44%，麸皮 10%，石膏粉 1%，蔗糖 1%。

④ 玉米芯 75%，麸皮 23%，石膏粉 1%，蔗糖 1%。

⑤ 玉米芯 75%，麸皮 24%，石膏粉 0.5%，磷酸二氢钾 0.5%。

⑥ 木屑 40%，玉米芯 40%，麸皮 19%，石膏粉 1%。

按照配方比例称取各种培养料，搅拌均匀，含水量控制在 60% 左右，自然 pH 值。

（2）装袋、灭菌、接种。装料要求松紧适度，上下均匀。装袋后特别注意要轻拿轻放料袋，防止沙粒或杂物将袋刺破，引起污染。常压灭菌要求在 100℃保持 14 ~ 16h，高压灭菌在 121℃保持 2h。培养料灭菌后待料温降到 25 ~ 30℃时，在无菌的环境条件下进行接种，灵芝代料栽培一般采用两端接种法，接种后移入培养室，进行发菌管理。

（3）发菌管理。接种后可以把菌袋放在床架上，也可以在地面上堆放。在发菌阶段，温度应控制在 25 ~ 28℃，通常可采取通风换气、菌袋翻堆来控制温度。空气相对湿度在 60% ~ 70%，宜低不宜高，湿度大易引起杂菌污染。要适度通风换气，保持空气新鲜。在适宜的环境条件下，培养 30d 左右，菌丝可长满培养料，并伴有子实体原基形成。

（4）出芝管理。当培养料长满菌丝或有子实体原基形成后打开袋口，将菌袋横卧或直放。子实体生长阶段温度应保持在 26 ~ 28℃为宜，空气相对湿度为 85% ~ 90%，每天应向室内喷水 3 ~ 4 次，以保持室内空气湿度。喷水时要注意千万不可将喷头直接对幼芝及袋内喷水，以防料面染菌和子实体霉烂。灵芝为好气性真菌，其子实体形成对空气极为敏感，室内 CO_2 含量与子实体生长发育密切相关。要经常通风换气，保持室内空气新鲜。要有充足的光线，光照好，菌盖分化快，菌柄短，菌盖大，颜色深且有光泽。灵芝子实体具有向光性，注意栽培袋不宜经常移动，否则易形成畸形灵芝。阳光不能直射，否则会引起菌柄枯萎，菌盖难以长大。

（四）灵芝采收及灵芝孢子粉的收集方法

1. 采收

当灵芝菌盖不再增大，边缘白色生长圈开始消失，颜色由浅变深，有大量褐色灵芝孢子飞散时，便可收集孢子粉和子实体。灵芝子实体采收时，用小刀从菌柄基部割下。注意不要触摸碰撞菌盖，以防孢子粉受到损失。不要用水冲洗子实体，否则会降低商品价值。采收后，剪去过长菌柄，单个排列进行日晒或通风阴干。

2. 灵芝孢子粉的收集方法

（1）套袋收集法。套袋收集法适用于覆土出芝的孢子粉收集，当灵芝菌盖白边消失，孢子粉开始少量弹射时套袋。用报纸做成比灵芝直径大的、袋底封闭的圆筒状纸袋，将纸袋撑开，套入整个灵芝，并用橡皮筋或绳子将袋口固定。由于灵芝个体生长速度并不完全一致，因此，套袋不能成批进行。套袋时，切勿碰伤菌管，以免影响孢子弹射。套袋后空气相对湿度要提高到 91% 以上，在高湿环境中，子实体菌管不断增厚，增加担孢子释放量。待灵芝孢子不再弹射时即可采粉，采粉时要先将灵芝从柄基部剪下，把菌盖的孢子粉刷入干净的容器内，再将纸筒上的孢子粉刷入容器内。套袋收集法可以最大化收集到灵芝孢子粉，且纯度高。

（2）塑料薄膜收集法。当灵芝散粉时，在地面上铺一层新薄膜。将菌袋清洗干净并排放在铺好的薄膜上，菌袋堆叠 6 ~ 8 层，堆间距 40cm，控制好散粉期的环境条件。当孢子不再弹射时，将散落在菌盖、菌袋及薄膜内的灵芝孢子粉用干净毛刷集中到一起收集起来，不要将沙土及水分弄到薄膜上，以免影响灵芝孢子粉质量。

第十三节 竹 荪

一、概述

竹荪（*Dictyophora* spp.），又名竹笙、竹参、竹蕈、竹丝蕈、僧笠蕈、竹菌、竹姑娘、面纱菌、网纱菌、仙人笠等，属于真菌界（Fungi）担子菌亚门（Basidiomycotina）腹菌纲（Gasteromycetes）鬼笔目（Phallales）鬼笔科（Phallaceae）竹荪属（*Dictyophora*）。因其常自然发生在有大量竹子残体和腐殖质的竹林地上而得名。已发现的竹荪属有 12 个种和变种，供人工栽培的主要有长裙竹荪（*Dictyophora indusiata*）短裙竹荪（*Dictyophora duplicata*）红托竹荪（*Dictyophora rubrovalvata*）和棘托竹荪（*Dictyophora echinovolvata*）。

竹荪形态奇特、香气浓郁、风味独特，有“真菌之花”的美称。竹荪见图 1–4。竹荪菌体含有丰富的营养成分，是优质的植物蛋白和营养源。据分析，竹荪干品中含有粗蛋白 15% ~ 22.2%、粗脂肪 2.6%、碳水化合物 38.1%。蛋白质中含有 21 种氨基酸，其中有 8 种人体必需氨基酸，谷氨酸含量达 1.76%。谷氨酸是味精的主要成分，这是竹荪味道鲜美的原因。竹荪还含有多种维生素和矿质元素，如磷、钾、铁、钙、镁等。竹荪不仅味美，而且有类似人参的补益功效。竹荪属于生理碱性食品，经常食用可以调整中老年人体内血酸和脂肪酸的含量，有降低血压的作用。竹荪还有减少血液中胆固醇、减少肥胖者腹壁脂肪积累的功能，还滋阴补阳、镇痛补气、健脾益胃、润肺止咳、益气补脑，对高血压、高血脂、高胆固醇、冠心病、动脉硬化等有很好的疗效。竹荪食法多样，更适于做汤。竹荪有抑菌作用，且抑菌成分在高温、高压条件下可以保持功效，是一种天然的食物防腐剂。

竹荪秋季生长在潮湿竹林地，在我国主要分布于福建、云南、四川、贵州、湖北、安徽、江苏、浙江、广西、海南等地。我国竹荪生产长期依赖天然野生，产量极少。20 世纪 70 年代，开始人工驯化栽培，多采用熟料室内栽培，虽有成功，但产量低，周期长。近年来，科学工作者对竹荪人工栽培进行了深入研究。竹荪菌丝分泌出的胞外酶，分解力极强，能够充分分解吸收生料中的养分，而绝大多数的杂菌孢子，在生料中难以萌发定植，给竹荪菌丝创造了生长发育的一种优势。竹荪菌丝抗逆性强，即使培养基原来已被其他微生物侵染，竹荪菌丝一旦接触即可覆盖其他微生物。竹荪生料栽培取材方便，栽培容易，目前全国各地已广泛栽培。

【分类学地位】真菌界（Fungi），担子菌亚门（Basidiomycotina），腹菌纲（Gasteromycetes），鬼笔目（Phallales），鬼笔科（Phallaceae），竹荪属（*Dictyophora*）

【俗名】竹荪、竹笙、竹参、蛇头、蛇蛋

【英文名】long net stinkhorn（长裙竹荪）；netted stinkhornc（短裙竹荪）

【拉丁学名】*Dictyophora* spp.

二、形态特征及分布

【菌丝体】竹荪孢子萌发后形成单核菌丝，单核菌丝较细弱。具亲和性的单核菌丝质配形成双核菌丝，双核菌丝粗壮，有分隔，菌丝初期为白色绒毛状，逐渐发育成绒状，多分枝，最后密集膨大为索状，呈索状生长，因它没有组织分化，故不是菌索。其气生菌丝长而浓密，为粉红色、淡紫色或黄褐色。竹荪菌丝在完全黑暗条件下为白色，对光敏感，见光后为粉红色至桃红色。但棘托竹荪菌丝见光不变色，这是棘托竹荪区别于其他竹荪的主要标志。

【菌盖】菌盖形如吊钟，白色或墨绿色，在菌裙和菌柄的顶端。菌盖高 3cm 左右，下端宽 5cm 左右，具有明显的网状结构，上面一般生有青褐色的孢子。

【菌裙】菌裙大多为白色，菌裙长与菌柄长相等或超过菌柄，菌裙的长度是分类学上区别长裙竹荪和短裙竹荪的重要标志。长裙竹荪的裙长一般为 8 ~ 12cm，短裙竹荪的裙长一般为 3 ~ 6cm。初期菌裙折叠式地被压缩在菌盖里，当菌柄伸长停止时，菌裙才开始放下。此时，子实体散发出浓郁的香气。菌裙为疏松的格网状，格孔呈椭圆形或多边形，长径 0.5 ~ 1cm，短径 0.1 ~ 0.5cm，网条偏圆形，直径 0.1 ~ 0.5cm。

【菌柄和菌托】菌柄由白色柔软的海绵状组织构成，中空质脆，纺锤或圆筒状，中部粗约 3cm，菌柄长 15 ~ 38cm。菌托蛋形，包在菌柄的基部，底部着生数根粗壮的索状菌丝，上面带有灰白色或粉红色的斑块，高 4 ~ 5cm，直径 3 ~ 5cm，由内膜、外膜以及膜间胶状物质组成。

【孢子】孢子气味微臭，用手触摸有黏滑感。菌盖顶端较平，并有穿孔。孢子长棒状，有 4 ~ 6 枚担孢子。担孢子在显微镜下呈不规则的棒状、长卵状或短柱形，无色透明，表面光滑，孢子群呈深黑色。（3～4）μm×（1.3～2）μm。

【分布】我国四川、云南、贵州、广西、海南、河北、江苏、安徽、广东、福建、江西和台湾等地。日本、印度，以及北美洲、南美洲、大洋洲和非洲的一些国家和地区亦有分布。

三、营养价值

【营养成分】含有丰富的蛋白质、维生素和矿质元素。

【功效】清热润肺，补气活血。可治疗痢疾，有降血压作用，降胆固醇，防止腹部脂肪堆积，对食物有防腐作用。

四、生长发育条件及生活史

（一）营养条件

竹荪是一种腐生真菌，分解同化培养料中的有机物质，从而获得其生长发育所需的营养物质。竹荪可以在枯败植物残体上吸收现成的碳源、氮源、少量的矿物质和维生素作为营养。竹荪的碳素营养来自竹类或其他树木腐烂后的腐殖质和其他有机物质。竹荪可利用木屑、棉籽壳等作为碳源；竹荪可利用氨基酸、蛋白胨、尿素、麸皮、米糠等作为氮源；碳氮比以 30∶1 为宜；竹荪生长发育需要磷、硫、钾、钙、镁等矿质元素，在配制斜面培养基时，适量添加磷酸二氢钾、碳酸钙、硫酸镁等，可以满足菌丝生长的需求；此外，竹荪还需要铁、铜、锰、锌、硼、钴、钼等，这些微量元素一般可以从培养料中获得，不需要另外添加。植物激素、维生素、肌醇对竹荪菌丝生长有促进作用。

（二）环境条件

1.温度

竹荪属中温型菌类，菌丝在 5～30℃均能生长。温度低于 5℃，菌丝停止生长；高于 30℃，菌丝干枯死亡；一般竹荪菌丝生长最适温度为 20～24℃。子实体形成温度范围在 16～32℃，适宜温度为 20～25℃。

2.湿度

竹荪为喜湿性强的菌类。菌丝体生长阶段培养料含水量为 60%～70%，空气相对湿度在 75%～80%。湿度过高培养料透气性差，菌丝生长受到抑制，甚至死亡；湿度过低培养基干燥，影响菌丝生长，不利于正常发育。子实体生长发育阶段要求空气相对湿度为 90%～95%。出菇时进行干湿差刺激，可加快竹荪原基形成。

3.光照

竹荪菌丝生长阶段不需要光照，在黑暗条件下菌丝生长旺盛呈白色，见光后菌丝生长缓慢并产生色素，易衰老，生命力降低。不同波长的光对菌丝生长的抑制作用不同，橙光对菌丝生长的抑制作用最小，红、绿、白、黄、蓝光对竹荪菌丝生长的抑制作用最大。菇蕾形成及子实体生长需要一定的散射光。

4.空气

竹荪属好气性菌类，特别是在菇蕾形成及子实体生长阶段需要大量新鲜空气。菌丝在CO_2浓度为0.03%～0.33%时都能生长，含量过高或过低都会抑制菌丝生长。因此，在竹荪栽培期间要注意培养室的通风换气。

5.酸碱度

竹荪适宜在微酸性的培养基上生长，pH值为4～6.5，最适pH值为5.0～5.5。

6.覆土

竹荪子实体生长与覆土有密切关系，覆土是竹荪大量产生子实体的必要条件，没有覆土的培养料，即便菌丝生长得再好也无法产生子实体，而土壤的优劣对产量的影响极大。栽培竹荪的覆土最好选用腐殖质含量高的壤土。腐殖质中含多种竹荪生长需要的养分，还具有使黏土疏松、沙土黏结促进土壤形成团粒结构的功能。因此，若在栽培场地就地取土的，在选择场地时必须注意场地的土质。若无法找到土质好的场地，最好另选腐殖土覆盖或者烧制一些火烧土，然后浇些人粪尿堆制一段时间后再作为覆土使用。

（三）生活史

在适宜的环境条件下，竹荪的孢子萌发形成菌丝，为单核菌丝，菌丝体由无数管状细胞交织而成，呈蛛网状。单核菌丝质配后形成双核菌丝，粗线状。双核菌丝进一步发育成三次菌丝。竹荪菌丝初期白色，经过较长时间培养后，呈粉红色、淡紫色或褐黄色，色素也是鉴别竹荪菌种的主要依据。竹荪子实体的形态发生过程有6个时期。

原基分化期：位于菌索前端的瘤状小白球，内部仅有圆顶形中心柱。

球形期：当幼原基逐渐膨大成球状体时，开始露出地面，外菌膜见光后开始产生色素。

卵形期：菌蕾中部的菌柄逐渐向上生长，顶端隆起成卵形，表面裂纹增多，呈鳞片状，菌蕾表面出现皱褶。

破口期：菌蕾达到生理成熟后，吸足水分，菌柄即可撑破外菌膜。

菌柄伸长期：菌蕾破裂后，菌柄迅速伸长，从裂缝中首先露出菌盖顶部的孔口，接着出现菌盖，随着菌柄的伸长，在菌盖内的网状菌裙开始向下露出，被褶皱在菌盖内的菌裙慢慢向下散开。

成熟自溶期：菌柄停止生长，菌裙散开达到最大限度，子实体完全成熟，菌盖上担孢子成熟并开始自溶，滴向地面，同时整个子实体萎缩倒下。

产生的担孢子被雨水冲刷或由昆虫、动物传播，在新的环境下又萌发出新的菌丝。

五、栽培技术

（一）栽培季节

我国多数地区2—3月播种最好，早播种发菌时间长，分解基质充分，菌丝体积累的营养丰富，产菌多，质量好。至6月出菇，出菇期间温度大致为25～30℃，湿度80%～90%，较适宜于子实体生长发育和开伞，与自然状况下的野生竹荪生长时期基本一致。除棘托竹荪较耐高温外，其他品种均不耐高温，易造成杂菌污染导致烂菇，影响产量。播期确定以后，菌种生产应提前安排。一般母种需13d长满管，原种需45～60d，栽培种需30～40d。

（二）菌种制备

应根据当地的气候条件选择适宜当地栽培的竹荪品种。在我国广泛栽培的竹荪品种有长裙竹荪、短裙竹荪、红托竹荪和棘托竹荪。优质菌种为无污染、不老化、菌丝整齐均匀，含水量适宜，呈块状不松散。竹荪菌种不宜多代繁殖，否则竹荪朵型会变小影响产量。

（三）培养料的配方

竹荪是一种木腐菌，其栽培原料除竹类外也十分广泛。含有木质素、纤维素的原料，如阔叶树加工后的下脚料，以及谷壳、甘蔗渣、豆秸、玉米秸、玉米芯等均可作为竹荪的栽培原料，还有各种野草，如类芦、斑茅、芦苇等也是竹荪生长的良好材料。原料的选择，应根据当地资源条件、栽培时间等要求来确定。从实践上看混合料的产量好于单一原料，若在上述原料中添加些含氮物质，增加培养料的含氮量，对提高产量有显著作用。常用培养料配方如下。

（1）木片50%，碎木块30%，竹头尾5%，竹枝叶5%，木屑10%。

（2）木片30%，碎木块10%，秸秆30%，竹枝叶20%，木屑10%。

（3）木片10%，碎木块10%，竹头尾10%，秸秆60%，竹枝叶5%，木屑5%。

（四）原料处理

将选择好的原料粉碎后要进行适当的预处理再进行栽培，预处理的方法主要有以下两种。

（1）石灰水浸泡。播种前一天，将培养料装入塑料编织袋内，至袋的2/3，扎口，用2%～3%石灰水浸泡，上压重物，浸泡5～6d，至水池内产生大量气泡，浸泡后用清水冲洗至pH值为7左右，以满足竹荪喜酸的生活环境。再将原料沥干至含水量为65%左右即可接种。

（2）石灰水浸泡再发酵法。播种前一个月左右，将上述石灰水浸泡后的湿料与未经浸泡的细料等混合，再加总用量1%的过磷酸钙、3%的黄豆或菜籽饼粉，含水量控制在

65% 左右。随后立即堆成锥形堆，堆高 80cm、宽 100cm、长度 5m，堆面用厚草帘等覆盖，料堆中部插温度表，当堆温达 65℃以上时，进行第 1 次翻堆，以后隔 6d、5d、4d、3d 各翻堆 1 次，最后 1 次翻堆要补足水分。整个发酵过程 20d 左右，发酵好的培养料料面呈白色斑点，闻之有土香味，含水量为 65%。

（五）铺料、播种与覆土

按配方要求对原料进行预处理。上料前土壤要求湿润，太干可喷水。畦面可用 0.1% 辛硫磷拌松木屑驱虫，上覆 1cm 厚的土。将准备好的培养料铺到畦面上，通常为三层培养料两层菌种。第一层培养料厚 5cm，在料面上均匀撒一层菌种；第二层料厚 10cm，再撒一层菌种；第三层料厚 5cm 并将顶部拍实，使菌种与培养料更好地接触。播种后覆土 3～4cm，以不见料和菌种为度，再加盖一层树叶、稻草等覆盖物以保温保湿，促进菌丝生长发育。如气温偏低可覆盖塑料薄膜。

（六）发菌管理

播种后主要做好保温保湿及通风换气工作。播种后 3～4d 内，温度应保持在 24～27℃。经过一段时间的菌丝生长，培养基表面长满菌丝时，盖上一层厚 3～5cm 的腐殖土。每天都要通风换气，并且要保持覆土湿润，温度保持在 22～24℃，相对湿度保持在 85%～95%。通常情况下，菌丝发育 1～2 个月，即有菌丝延伸到覆土层，这时温度为 23～26℃，相对湿度不变，给予一定量的散射光，再经 5～10d，表面出现白色子实体原基。要保持土壤湿润，严防积水。如果土面干燥发白，应喷适量清水。夏季高温干燥时，注意降温、防旱，早晚向空间喷水降温，切忌将过多水分喷于菌床上。冬季气温下降时，要注意保温防冻，在畦面上加厚稻草层等。此外还要注意预防病虫害。

（七）出菇管理

1. 菌球期管理

索状菌丝形成后，受到温差和干湿交替环境的刺激，在表土层内形成大量的原基，经过 8～15d 原基发育成小菌球，露出土面。菌球发育要求空气相对湿度为 85%，温度不超过 32℃。初期菌球为白色，随后逐渐转灰，菌球表面刺突逐渐消失，残留在菌球外呈褐色斑点。菌球外包被逐渐龟裂，出现龟斑。菌球形成后的管理重点是保湿和通风。要维持培养室内较高的空气相对湿度，以薄膜内有小水珠聚集但不滴下为度。气温超过 25℃应加强通风。

2. 子实体形成期的管理

当菌球由近扁形发育进入菇蕾形期时，应维持空气相对湿度在 80%～85%，同时增加光照，以利菌球破口。每天应根据天气情况和畦面干湿决定喷水次数和喷水量，土壤湿度一般维持在 20%～25%，通常以喷水后土粒湿度为标准，即捏土会扁，松开不黏手。若畦面过干，会导致菌球缺水干缩，可在傍晚向畦沟内灌水，次日排除，以提高湿度；若畦面湿度过大，常形成水渍状菌球，可采用深挖畦沟、排除积水、团粒土块覆土、畦面打孔、加强通风等办法解决。

随着菌球的发育，菌球顶部出现突起，这预示着菌球即将破口。当气温偏高时，菌球外包被组织易失水，不易破口，从而造成菌球侧面被撕裂，造成菌柄弯曲易折断，影响等级。此时应用小刀切开菌球外包被，使菌柄正常伸长。并及时喷雾，以增加空气相对湿度。菌柄破口伸出后，迅速伸长，数小时菌柄长度就可达 10～20cm；30～60min 后，菌裙从菌盖下端开始放裙，正常情况下，从开始撒裙到撒裙结束需要 20min。空气相对湿度高，则菌裙开张角度较大；空气相对湿度低，则菌裙开张角度小呈下垂状。若空气相对湿度过小，撒裙速度就会很慢，甚至不放裙。此时可通过向环境中喷雾增加空气相对湿度，也可用采后催撒裙的办法解决。竹荪成熟后菌盖潮解，污绿色孢子液流下，会污染白色菌裙，且不易洗净，从而影响等级，故应在菌盖解潮之前及时采收。

3.越冬管理

竹荪播种后，当年即可采收，若管理得当第二年还可以采收。当畦面温度下降至 16℃以下时停止出菇。若栽培料中粗料比例较大，第二年还有可能出菇，应抓好清场补料和防寒越冬工作。扒开畦床上的覆土层，清除上层含有老菌丝的栽培料，添加新料并覆土，保温过冬。冬季气温较低，应注意做好防寒保暖工作。可用薄膜遮盖畦床，四周用碎土压住，定期揭膜通风换气，并少量喷水。第二年气温回升后，再分次喷水，调整好湿度，进入发菌和出菇管理。

（八）采收

当竹荪子实体的菌柄已伸长，菌裙达到最大开张角度并且孢子未自溶时，立即采收。竹荪撒裙一般在 7：00—10：00，因此要在 12：00 之前完成采收，否则撒裙的竹荪在半小时以后就开始萎蔫、倒伏。采收时用小刀割断子实体基部的菌索，并用小刀去掉菌盖、菌托，切勿强拉硬扯，防止菌柄断裂。

第十四节　火木层孔菌

一、概述

火木层孔菌（*Phellinus igniarius*），又名桑黄、桑臣、桑耳、胡孙眼、桑黄菇等，属真菌界（Fungi）担子菌亚门（Basidiomycotina）层菌纲（Hymenomycetes）非褶菌目（Aphyllophoreles）锈革孔菌科（Hymenochaetaceae）针层孔菌属（*Phellinus*）。通常生活在桑属植物上，因子实体颜色为黄色而得名桑黄，是多年生珍稀药用真菌。近几年有研究表明，桑黄是生物抗癌领域药用效率最高的大型真菌之一，具有广阔的市场前景。火木层孔菌见图

1-5 和图 1-6。

汉代中医经典《神农本草经》记载“桑耳”，唐代藤杈《药性论》记载桑黄“能治风，破血，益力”，明代《本草纲目》描述桑黄具“利五脏，宣肠胃气，排毒气”等药用功效。另外，当代《中药大辞典》对其进行收录，载有桑黄可治疗痢疾、盗汗、脱肛、闭经、泻血、血崩、淋病、崩漏带下、脐腹涩痛等疾病。随着现代科学研究对桑黄抗癌、抗炎、抗氧化、抗肿瘤等药用功效、化学成分及作用机制的认识，桑黄已受到越来越多的关注。

【分类学地位】真菌界（Fungi），担子菌亚门（Basidiomycotina），层菌纲（Hymenomycetes），非褶菌目（Aphyllophoreles），锈革孔菌科（Hymenochaetaceae），针层孔菌属（*Phellinus*）

【俗名】桑黄、桑臣、桑耳、胡孙眼、桑黄菇

【英文名】phellinus

【拉丁学名】*Phellinus igniarius*

二、形态特征及分布

【子实体】多年生，硬木质，无柄，侧生或仅顶部一点着生。

【菌盖】马蹄形或扁半球形，直径（2～10）cm×（3～22）cm，厚 2～15cm。浅褐色至深灰色或黑色，无皮壳，初期被细绒毛，后变光滑，有同心环棱，老时常龟裂。盖缘钝，其下侧无菌管层。

【菌肉】棕褐色，硬木质。

【菌管】与菌肉近同色，多层，层次不明显。菌管长 1～5cm，老年的菌管层充满白色菌丝。管口呈圆形，每毫米 4～5 个，锈褐色。刚毛基部膨大，顶端渐尖锐。

【孢子】无色，近球形，光滑，（5～6）μm×（4～5）μm。

【分布】我国四川、云南、黑龙江、吉林、内蒙古、河北、河南、山西、陕西、宁夏、甘肃、新疆、青海、广东、西藏、湖北以及台湾等地。

三、营养价值

【营养成分】桑黄多糖；热水提取物；正丁醇提取物。

【功效】抗肿瘤；抗氧化、抗癌、降糖；增强巨噬细胞、B 细胞、天然杀伤细胞等免疫细胞活性的功效，还能增强 T 细胞非依赖性抗原和三硝基苯基脂多糖抗原性，诱导淋巴细胞发生特异性免疫反应；调节胰岛 β 细胞和增强胰岛素敏感性等方面降低血糖水平并缓解糖尿病症；较高的抗氧化活性，对 DPPH 具有一定清除能力，可用于风湿性关节炎等自身免疫疾病的治疗；抑菌消炎。

四、生长发育条件

（一）营养条件

桑黄既是腐生菌，也属于兼性寄生菌，其营养以碳水化合物和含氮化合物为基础，也需要少量矿质元素。大多数阔叶树及木屑、树叶及其他农作物茎秆，加适量的麸皮均可作为培养料。

有研究表明，桑黄以葡萄糖作为碳源效果最好，其次是淀粉、蔗糖、乳糖、麦芽糖；桑黄菌利用有机氮源的效果比无机氮源好，以蛋白胨作为氮源效果最好，其次是酵母粉、氯化铵、硫酸铵。

（二）环境条件

1. 温度

桑黄属于高温型药用真菌，菌丝在 15 ~ 32℃均可生长，出菇温度在 25 ~ 30℃，温度低于 25℃、高于 30℃子实体生长缓慢甚至停止。昼夜温差的刺激有利于子实体的发生和生长。

2. 湿度

菌丝生长培养料含水量 60%，土壤湿度达 50% ~ 60%，空气相对湿度达 90% 以上。将桑黄菌棒的一头泡在水里，菌棒顶部照样有桑黄子实体形成和生长。

3. 光照

桑黄菌丝生长不需光照，子实体的发生需要有一定的光照。但光照太强，一方面子实体的形成受到抑制，另一方面棚内温度升高，也抑制子实体的生长。一般棚内光线透射率以 10% 左右为佳。

4. 通气

桑黄属好气性真菌，如氧气不足则子实体生长受到抑制，颜色由亮黄色变暗黄色。

5. 酸碱度

培养料 pH 值 5.5 ~ 6.5 为适。

五、栽培技术

（一）栽培季节

因南北气候差异，各地栽培季节不同。南方大部分省份可在 4 月开始栽培，至 10 月上旬结束；北方大部分地区可在 4—5 月开始接种，6—9 月进行出菇管理。

（二）菌种制备

首先选优良的麦粒，去除虫蛀粒及石块等杂质，用热水浸泡后，装瓶进行高压火菌，在121℃下高压灭菌1.5h。冷却后，在无菌条件下接入优良的桑黄母种，于28℃的恒温室中培养。优良的桑黄菌株一般30～45d即可长满菌种瓶（具体视菌种瓶的大小而定）。由于桑黄菌株极易退化，因此，接种前一定注意选择生长旺盛的菌株，否则使用了退化的菌株，不但生长速度慢，且易染杂菌，给生产带来不必要的损失。

（三）培养料的配制

培养基的配制常用配方如下。

（1）木屑78%，麸皮20%，蔗糖1%，石膏1%。

（2）木屑78%，甘蔗渣20%，黄豆粉1%，石膏1%。

（3）木屑36%，棉籽壳36%，麸皮26%，蔗糖1%，石膏1%。

（4）木屑78%，玉米粉10%，麸皮10%，蔗糖1%，石膏1%。

选用新鲜不发霉的木屑，过筛，清除木块等杂物。棉籽壳用前在日光下暴晒2d。按配方将木屑、棉籽壳、麸皮、石膏等先拌均匀，再将蔗糖放入水中，拌入主料，培养料含水量达到60%～65%，然后装袋。15cm×32cm塑料袋，每袋装干料350g，然后把袋口扎牢。

（四）室内栽培

1.灭菌接种

常压灭菌温度达100℃时，必须保持14～16h。高压灭菌应在放冷气后，保持153kPa，灭菌2h。然后在无菌条件下进行接种，接种前用75%酒精擦拭消毒，把瓶口内老化菌丝部分弃去。一般每瓶菌种可接20～25袋，接种后扎好袋口。

2.发菌培养

接种后的袋移入培养室内，放在培养架上发菌，温度以25～28℃为好，空气相对湿度在70%以下。一般在7d内不要翻动，7d以后检查杂菌污染和菌丝生长状况。发菌期间要注意通风换气、降温、避光，防止室温过高而烧菌。在25℃条件下培养10d后菌丝可布满料面，并向料内深入生长。

3.出菇管理

将菌丝已生理成熟的菌袋搬入塑料大棚内，采取6～7层墙式堆垛，开口出菇或畦床立式摆袋出菇。当菌蕾形成后，要创造适合桑黄生长的温度、湿度、通风、光照等良好的环境条件。棚内温度要控制在25～28℃，不超32℃，空气相对湿度为90%～95%，每天向空间喷雾状水3～4次，要保持地面湿润状态，但切忌把水直接喷到子实体上，以免菌体霉烂。每天早、晚通风1～2h，若温度低于20℃，可在中午通风。若气温高达30℃时要加强通风，并加强空间喷水降温，以满足子实体生长发育需要。当子实体长到九成熟时，即可采收。

第十五节　蛹　虫　草

一、概述

蛹虫草（*Cordyceps militaris*），又名北冬虫夏草、北虫草、虫草花，属真菌界（Fungi）子囊菌亚门（Ascomycotina）核菌纲（Pyrenomycetes）麦角菌目（Clavicipitales）麦角菌科（Clavicipitaceue）虫草属（*cordyceps*），与冬虫夏草属于同属真菌，虽然野生的蛹虫草资源比较稀少，但经过多年的技术研究，蛹虫草已经实现了较大规模的人工培养。蛹虫草见图 1-7 和图 1-8。

虫草属真菌寄主范围广，主要寄生于同翅目、鳞翅目、鞘翅目及双翅目等昆虫上，也有少数种类可寄生于蜘蛛等节肢动物上，而大团囊虫草等则寄生于大团囊菌属的成员上。根据统计，蛹虫草的寄主范围包括 3 个目 11 个科共 19 种不同昆虫。蛹虫草成熟子实体能自发弹射子囊孢子，在自然界中随着气流、雨水以及寄主昆虫的运动而广泛地传播。该菌营养专业化性低，寄主范围广，所以即使缺乏主要的寄主，它们仍可以在自然界中保存下来。子囊孢子断裂形成的次级孢子附着在合适的寄主昆虫的体壁上，即能吸水膨大，伸长成芽管，侵入昆虫血腔内，形成菌丝段，随体液循环，借出芽法反复增殖，直至充满整个体腔。此时，昆虫体内整个柔软组织被破坏，机体死亡。刚死亡的昆虫体软，随菌丝段的不断繁殖并贯通于组织内，1～2d 后寄主体腔被菌丝块占满，形成菌核。在干燥条件下，虫体以这种状态可以休眠几个月，在合适的温度和湿度条件下，从菌核上长出子座。

蛹虫草最早源于中国，俗称北冬虫夏草或北虫草，由于其药用价值与冬虫夏草极其近似，故药典中记载为“北冬虫夏草”，国外最早的报道是 1723 年 Vaillant 在他所著的 *Botanieon Parisiense* 一书中，提到了蛹草和大团囊虫草，通过基源鉴定认为它与冬虫夏草是同一个属。自 1727 年在巴黎科学院院士会上，作为虫草属的模式种具属种名“*Cordyceps militaris*”发表以来，迄今已有 282 年历史。此后，我国陆续有标本输往欧洲及亚洲的日本，引起了各国学者的极大兴趣，并针对各自本国的虫草资源，进行驯化和生态研究。

我国对于蛹虫草的研究，始载于《新华本草纲要》一书，记载其功效为：味甘、性平，有益肺补肾、补精髓、止血化痰的功效。《中华药海》认为其“性味归经、甘、平，入肺肾二经”，其功能有：益肾补阳，本品甘平补肾阳，益精髓，治肾阴不足、眩晕耳鸣、健忘不寐，腰膝酸软、阳痿早泄等症；既补肾阳又补肺阴，保肺益肾，秘精益气。蛹虫草对肺肾不足、久咳虚喘、劳咳痰血者有较好疗效。《全国中草药汇编》记载，北虫草（蛹虫草）子实体也可作为冬虫夏草入药。

国家食品药品监督管理总局编写的《中华本草全集》第 172 页上说明，蛹虫草的异名就是冬虫夏草。基于虫草对人体的奇异功效，因而与人参、鹿茸同被列为中国中药宝库

“三宝”。国家食品药品监督管理总局（现称“国家市场监督管理总局”）于 2009 年 3 月 16 日公告批准蛹虫草为“新资源食品”。

【分类学地位】真菌界（Fungi），子囊菌亚门（Ascomycotina），核菌纲（Pyrenomycetes）麦角菌目（Clavicipitales），麦角菌科（Clavicipitaceue），虫草属（*Cordyceps*）

【俗名】北冬虫夏草、北虫草、虫草花

【英文名】scarlet caterpillar fungus

【拉丁学名】*Cordyceps militaris*

二、形态特征及分布

【形态特征】天然蛹虫草子座呈棒状，橘黄色，单生或 2 ~ 3 个成丛从寄主前端或近中部长出，长 3 ~ 8cm，其中可育部分长 1 ~ 2cm，有乳头状突起，子座柄长 2 ~ 6cm；子囊壳卵形，（500 ~ 720）μm×（300 ~ 480）μm，侧壁较薄，顶端颈部稍厚，顶部多有小孔，以环状半埋生于肉质子座中；子囊细圆柱形，（300 ~ 510）μm×（3.5 ~ 5.0）μm；子囊孢子线状，有许多隔膜，从子囊中释放出来后，可断裂成单细胞的小段，（2.0 ~ 4.5）μm×（1.0 ~ 1.5）μm。

【分布】该菌在世界各地均有分布，在我国主要分布于吉林、辽宁、山西、河北、陕西、安徽、广西、广东、云南、福建、四川等地。

三、营养价值

【营养成分】虫草多糖、多酚和类黄酮等；虫草素；虫草发酵液中的多肽。

【功效】虫草性味甘平，不温热亦不寒凉，入肺肾二经，既补肺阴，又补肾阳，是唯一能“阴阳双补、调节阴阳平衡”的中药材。抗病毒抗肿瘤（肝癌、乳腺癌），神经保护作用，降血脂保肝；降血糖（清除体内自由基，提高机体和胰腺的抗氧化能力，修复受损的胰岛 β 细胞），补益肝肾，抗辐射。

四、生长发育条件及生活史

（一）营养条件

虫草菌形成子实体对碳水化合物的需求水平较高，适宜于培养的碳源有甘油、葡萄糖、果糖、半乳糖、甘露糖、麦芽糖、蔗糖、纤维二糖、可溶性淀粉等。虫草菌生长所需的最适碳原为可溶性淀粉，而生产上则一般喜欢用葡萄糖作为碳源，也常有用土豆汤、白糖作为碳源的研究报道，亦有用混合碳源的报道。对于有机氮源，虽然蛹虫草能利用植物蛋白，但仍以动物蛋白为佳。

（二）环境条件

1. 温度

子实体适宜生长温度为 18～22℃，人工培育过程中可保持恒温管理。

2. 湿度

空气相对湿度以 80%～85% 为宜。室内湿度过小时，瓶内培养基容易提早失水而影响产量；若室内湿度过大时，容易诱发气生菌丝，对子实体生长同样不利。可采取在地面洒水或泼水，用空气加湿器或喷雾器在增湿。

3. 光照

子实体的生长发育需要较充足的散射光，光照强度要保持在 100～200lx，白天可利用自然散射光，晚上利用日光灯补充光源，光照时数在 10h 以上，晚上保持自然黑暗状态，防止昼夜连续光照。子实体生长有趋光性，因此，为了保证蛹虫草质量，有较好的子实体形态，一般来说灯光照射须定位，最好在培养瓶的正上方。或者培养盆或培养瓶可以配合灯光的位置变动方位而得到直立生长的蛹虫草子实体。

4. 空气

子实体发育需要良好的通风条件，室内 CO_2 浓度含量不能超过 10%。每天应开窗通风 2 次以上，每次在 30min 以上。经上述管理 1～2 周后，蛹体上即可陆续发生米粒状原基突起并逐渐分化成菌蕾和长成子实体。此时，床畦上要适当架高薄膜，以利子实体往上生长。

（三）生活史

蛹虫草的孢子借风力（水、树叶、土壤）传播到寄主虫体上后，孢子吸水长出芽管，芽管伸长并分支，侵入虫体内发育成白色菌丝，菌丝一边破坏虫体内组织和器官，作为自身营养与能量来源，一边不断地生长形成絮状菌丝体。当蛹虫草菌丝体将虫体完全分解后，在适宜的光照、温度、湿度等条件下，菌丝体开始扭结形成原基。原基不断生长，伸长为有柄的顶部呈长棒状的子实体。子实体上生有无数个突起的子囊壳，孔口露于表面，孢子弹出，随风传播到寄主体上，开始下一次侵染，如此循环不已。

五、栽培技术

（一）蚕蛹培养基培养

1. 栽培季节选择

蛹虫草是中低温菌类，人工栽培可分为春、秋两季。在栽培季节选择时，可参考以下条件：一是在当地旬平均气温不超过 22℃时为接种期，二是从接种开始往后推 1 个月为出草期，此时当地旬平均气温不低于 15℃。符合这这两个条件的季节是栽培季节，加上科学的栽培管理，蛹虫草的蚕蛹栽培可以成功，并获得高产。据以上条件，蛹虫草栽培的具体时间如下，以做参考。如海拔 300m 以下，可在 9 月进行接种，10 月出草；海拔 300～500m，可在 8 月底至 9 月初接种；海拔 500～700m，8 月中旬即可接种；海拔 700m 以上的高寒山区，可提前至 7 月接种。

2. 蚕蛹培养基的制作

选取饱满无缺，无污染、无虫蛀、大小一致的完整蚕蛹，用自来水洗干净后沥干，把沥干的蚕蛹分装在罐头瓶或者大口瓶内一半左右，用耐高温的透气的封口膜封口，用绳或橡皮筋扎紧，瓶口外包牛皮纸。

3. 蚕蛹培养基灭菌

采用湿热灭菌法，将装好的蚕蛹培养基，放入高压灭菌锅中灭菌，在 100℃常压下灭菌 6～8h，或高压灭菌在 121℃保持 1～1.5h，灭菌后冷却至 30℃以下接种。

4. 液体菌种制备方法

（1）制种。制种方法是采取组织分离法。选择适应性强、发菌快、见光转色快、性状稳定、速生高产的菌株进行组织分离制种，也可直接购买斜面培养基试管母种自行进行扩繁。目前有固体菌种和液体菌种 2 种类型，其中以液体菌种接种为好。

液体配比为葡萄糖 20g、蛋白胨 10g、磷酸二氢钾 3g、硫酸镁 1g、维生素 B_1（10mg）、水 1 000mL（pH 值 6～7）。先将 1 000mL 水加热增温（约 40℃），倒入蛋白胨搅拌溶解，再倒入其余原料，充分搅拌；然后用 pH 试纸测试酸碱度（标准 pH 值是 6～7），若偏酸则用氢氧化钠调和，偏碱则用白醋或盐酸调节。营养液配制的多少应根据生产量灵活掌握。实践证明，使用吸液管喷洒接种，每个培养瓶喷洒菌种 4～5mL，每瓶液体菌种（指小型医用盐水瓶）可接种 37～40 瓶；也可用蒸馏水或高压灭菌水将液体菌种稀释 2～3 倍进行接种，可大大提高菌种使用率。

（2）装瓶。选用 500mL 的医用盐水瓶或 250mL 小型医用盐水瓶作为液体菌种培养瓶（500mL 大瓶可分装 300mL 培养液，250mL 小瓶装至 1/2/以上）。装瓶时用玻璃漏斗，以免培养液黏附于瓶口、瓶颈或瓶壁上而招致杂菌感染。瓶口用聚丙烯薄膜或化学棉、脱脂棉棉球封塞严密。

（3）高压灭菌。用手提式高压灭菌锅灭菌。将上述培养瓶整齐地摆放锅内，上面用干毛巾盖好瓶口，关紧锅盖。大火加热至 110℃，压力表指针指向 50kPa 时打开排气阀以便排出冷空气，待压力表回至 0 时关掉排气阀；然后大火加热，让其快速升温至 125～126℃，压力表指针指向 150kPa 时改用小火，维持 1.25h 后停火，等压力表回到 0 位，冷却后打开锅盖，取瓶出锅。

（4）放种。培养瓶完全冷却后方可下种。母种扩繁在接种箱进行无菌操作。先将接种用一切用品、工具和试管母种及培养瓶事先放入接种箱内进行消毒。操作人员从接种口把手伸入箱内，在消毒碗内点燃至少 2 袋气雾消毒剂，进行熏蒸消毒。随即用袖头把接种口堵塞严密，密闭 30min。操作人员将手洗净，并用 75% 酒精擦洗 1 遍，通过袖头伸入接种箱。再用75%酒精把手连同手腕部位一并擦洗1遍，用皮筋把袖头在手腕部扎紧，严防杂菌进入箱内。点着酒精灯，把接种工具用75%酒精擦洗1遍再放在酒精灯上方燎烤消毒；拿起母种试管，用75%酒精擦洗管口周围，并在酒精灯火焰上方燎烤一下。打开母种试管，用接种工具将试管母种切割成0.5mm×0.5mm大小菌块，在靠近酒精灯的无菌区进行放种，每瓶放种2~3块。

（5）液体菌种培养。为利于菌种繁殖和菌丝生长，应将放完种的培养瓶放置黑暗环境中，在摇床上进行振荡培养，可全天24h不停振荡培养或间歇式每隔1h左右振摇1次，每次30min左右。经过8~12d振荡培养，瓶中便有大量絮状、片状菌丝体和菌丝球充满整个培养瓶；若无摇床条件，可用手摇措施振动瓶液，每隔1~2h摇动1次为好。注意不可使营养液打湿封膜或棉塞。

5.接种

在无菌室无菌条件下，把优质的蛹虫草的液体菌种喷洒在蚕蛹上；据培养瓶的大小，每瓶可接入2~5mL菌种，有条件的可以在接种后，将培养瓶放在摇床上摇瓶（摇瓶是将每一个栽培瓶中的菌种摇均匀使发菌一致），3d后观察菌丝生长情形，如果蚕蛹外壳颜色变化明显，处于病态，即接种成功。

6.栽培管理

（1）培养室的处理。培养室进料之前进行熏蒸消毒，可用甲醛—高锰酸钾熏蒸。熏蒸时，房门紧闭，将5g/m³高锰酸置于广口容器中，后将5~8mL/m³甲醛缓缓倒入容器中，二者反应强烈（要注意安全，防治液体飞溅伤人），迅速氧化挥发，产生浓雾，此时要迅速关好门窗。为了加强熏蒸效果，熏蒸时，房间可预先喷湿。冰醋酸也可进行加热熏蒸，但效果不如甲醛。72h后，开窗通气，即可把接种的培养瓶放进培养室培养，瓶与瓶之间不要太拥挤，要有间隙，有利于通风散热。

（2）菌丝生长。菌丝生长初期，培养室的温度控制在15~18℃，以防污染，当培养基的料面布满虫草菌丝后，把培养室的温度提高到18~23℃。培养室保持黑暗促进菌丝生长。菌丝生长时，培养基的含水量保持在60%左右，空气相对湿度保持在70%左右。每天通风1~2次，每次20~30min。每天检查，若发现培养基上有杂菌时，要及时挑出，以防杂菌繁殖蔓延。从接种到蚕蛹中长满菌丝形成“假菌核”，大概1个月左右。

（3）见光转色。“假菌核”形成后菌丝生长结束，开始进入子实体的生长，培养室内每天光照10~14h，光照强度在100~150lx，温度在18~23℃；原基分化时保持昼夜温差7~10℃。空气相对湿度70%~85%，加强通风，白色菌丝会慢慢变色。具体措施为，头几天光照略弱些，白天开窗利用自然散射光，4~5d后延长光照时间和加强光照强度，早晚用日光灯人工补光，光照时间在12h左右，菌丝全部转色后，全天日光灯照。5~10d后，白色菌丝体慢慢转为橙黄或橘红色时，菌丝转色完成即将出草，此后开始进行野性化驯化。

（4）子实体的生长。驯化场地要求干净卫生、通风透光、能保温保湿。排蛹时，将长满菌丝并已转色的蚕蛹，用消毒的镊子从瓶内取出，用镊子将菌丝连接的蛹块慢慢分开，呈单个带菌苔的菌蛹，放入消毒的盆筐内备用。

排蛹方法很多，现介绍两种排蛹方法。一是埋砂排蛹法。首先按要求做好床畦，床栽在室内进行，室内做多层不锈钢床架，床架宽 60cm，层距 40cm。床上先铺一层牛皮纸，其上再铺一层已消毒的稻草，稻草上撒一层 6cm 左右含水量为 50%～60% 的营养土。室外畦栽，按要求按规模做好床畦。畦宽 100～120cm，外搭阴棚。排蛹时，将备好的蚕蛹均匀排放在床畦土层上，蛹间距离约 2cm。床面排满后，蚕蛹上用湿细沙覆盖，厚度约 2cm，土壤覆盖有利子实体的形成，盖好薄膜。二是无纺布排蛹法。先把 6cm 厚的湿稻草铺在床畦上，以利通风透气，再把浸湿的无纺布铺在稻草上面，将发好菌的蚕蛹排在布面上，间距约 2cm，再把 2cm 厚的松针叶覆盖在蚕蛹上，松针叶覆盖对子实体的形成有良好的作用，盖好薄膜。

7. 采收

当子实体伸出覆盖物，长到 5～8cm 时即停止生长，子囊壳成熟，此时头部出现龟裂状花纹，表面可见黄色粉末状物质，此时要及时采收。采收时用双手或镊子轻轻去掉松针和沙土，将蛹体连同子实体一起采收。采收后用自来水冲洗干净，置通风处晾干，晾干后再送烘房，用 30℃左右低温烘干待售。

（二）人工代料培养基培养

1. 培养基原料配方

人工代料栽培还是选用大米（杂交米）作主料为最好，具有发菌均匀、出草快、产量高的特点。每瓶装大米 30g、黄豆粉（豆面）3g、营养液 50mL。营养液配方为水 1 000mL（pH 值 6～7）、葡萄糖 25g、蛋白胨 10g、磷酸二氢钾 1.5g、硫酸镁 1g、柠檬酸铵 1g、维生素 B_1 2 片。

2. 拌料

在地坪上铺 1 块干净塑料布，将上述 2 种主料称好倒在塑料布上充分掺拌均匀。再将几种辅料分别精准秤好倒入 50kg 的水中，充分搅拌使其溶化。用 pH 试纸测试酸碱度，以 pH 值 6～7 为准。

3. 装瓶

可分别自制几个能定量盛装 33g 主料（大米 30g、黄豆粉 3g）的容器和定量盛装 50mL 液体的容器进行装。装瓶时，应先装主料，再装营养液，装好后用皮筋封好膜后，摇动瓶里原料，使固体与液体充分混合均匀，以利于发菌好、生长整齐。

4. 灭菌

可用高压蒸汽炉进行灭菌，即在 121℃高温和 150kPa 的压力下密闭灭菌 30min，冷却后取出即可；也可常压灭菌，当温度升至 100℃时，再改小火维持 8～10h 即可，闷锅一夜，次日早出锅接种。

5. 接种

于接种箱中进行无菌操作，点燃酒精灯，在靠近酒精灯的安全区打开液体菌种瓶，用吸液管吸取液体菌种，每瓶以 4～5mL 种量均匀喷注到培养基上，立即封口扎紧（下种量要均匀、喷注菌种尽量匀称）；接好一批培养瓶后及时转入培养室（黑暗环境）进行菌丝培养。每批接种操作之间必须重新消毒，点燃气雾消毒剂 2～3 袋（第 1 箱消毒时 3 袋，之后 2 袋），密闭 30min 即达消毒效果。将接种好的培养瓶整齐摆放在培养架上。

6. 菌丝培养

蛹虫草属中低温真菌类，菌丝最适宜生长温度是 15～25℃，子座最适宜温度为 18～22℃。要求培养室内具备调节温度、湿度和光照的基本条件；培养室放置培养架，培养架可设 6～7 层，层高 40cm，保证每个培养瓶都能得到光照。一般 25～30m^2 的房间可摆 10 000 个培养瓶，可生产 80kg 左右干品。

（1）初始阶段（前 5d）。菌丝萌发阶段，要求做到“三控”，一是控光，需要黑暗环境；二是控温，培养室内温度最好控制在 15～18℃；三是控湿，室内空气相对湿度控制在 60% 左右。接种第 2 天，培养瓶料面上可见到点片或连片发菌；第 3 天菌丝已大面积展开，占领料面 50% 以上；第 4 天菌丝占领料面 80% 以上；第 5 天菌丝全部发满料面，并已开始向培养基内渗透一指左右。稀释与未稀释菌种，其菌丝萌发能力完全相同，采取稀释 2～3 倍方法可解决菌种不足问题。经过 5d 培养，培养瓶里菌丝很快布满整个料面。

（2）待菌丝布满料面后（5d 后）。可将温度提高至 20～23℃，再继续培养 15d 左右，菌丝就可吃透整瓶培养基，至此菌丝就完成营养生长阶段，标志菌丝体已发育成熟，开始进入生殖生长时期。

（3）进入生殖生长阶段（接种后 20d 左右）。进行光照刺激，促进菌丝体转色。打开日光灯，进行全天 24h 光照，直到蛹虫草发芽长出小子实体时，再改为白天光照 14～15h，夜晚关灯。白天温度控制在 20℃，晚上控制在 10℃左右，通过温差刺激能促进菌丝快速发育；室内湿度 60%～65%。见光第 1 天，料面上菌丝呈微黄；第 2 天呈正黄色；第 3 天培养基内菌丝全变成鲜黄或米黄色；第 4 天整瓶呈橘黄色；第 5～7 天，菌丝基本转完色；第 7～10 天，料面上出现米粒大小原基。

7. 出草管理

经菌丝体生长发育，待培养基料面有突起形成米粒状原基时，蛹虫草即行发芽出草。

（1）扎孔透气。将牙签或铁丝经 75% 酒精擦洗消毒后，在封口膜上扎 6～8 个通气孔，加强气体交换，促使子实体的生长。

（2）加强室内通风换气。打开换气扇或用电风扇吹风，每天早、中、晚各通风 1 次，以便补充新鲜空气和排出 CO_2，防止 CO_2 积累过多，子座不能正常分化，影响生长发育。

（3）温湿度管理。到了出草阶段，温度和湿度对子实体的生长十分重要。温度控制在 18～21℃。尽量使空气相对湿度提高到 80%～85%。室内湿度过小时，瓶内培养基容易提早失水而影响产量；若室内湿度过大时，容易诱发气生菌丝，对子实体生长同样不利。可在地面洒水或泼水，用空气加湿器或喷雾器增加室内湿度。

（4）光照管理。生长一段时间，部分瓶里的子实体有一边倒现象，这是由于蛹虫草较强的趋光性所致。因此，应在子实体形成后根据生长情况调整培养瓶与光源相对方向，让其受光均匀，以提高产品的品质和产量。

8.采收

经过 45～50d 的精心培育，子实体长至 7～8cm，子实体呈橘红色或橘黄色棒状，顶端出现许多小刺时，表明子实体已经成熟，这时就可采收。打开培养瓶封口膜，用消毒的镊子小心夹出子实体，注意不要碰伤子实体表皮，也不要用力太大，以免拉断，影响商品价值。将采收的子实体放在干净的器具内，低温烘干或在空调或电风扇下吹干，不可在太阳下晒干，以免褪色影响商品价值。晾干标准为用手一捏即碎，然后再放空气中让其回潮，再用手一捏又不碎即可。干燥好的子实体装袋密封待售。

第十六节　棱柄马鞍菌

一、概述

棱柄马鞍菌（*Helvella lacanosa*），又名多洼马鞍菌、羊肚蘑、木耳蘑，属真菌界（Fungi）子囊菌门（Ascomy-cotina）盘菌纲（Pezizomycetes）盘菌目（Pezizales）马鞍菌科（Helvellaceae）马鞍菌属（*Helvella*）。棱柄马鞍菌是内蒙古大兴安岭地区一种极其珍贵的野生食用菌，味道鲜美、营养丰富，深受当地人民的喜爱。菌盖马鞍形、黑褐色，瓣片不整齐，呈不规则卷曲状，菌柄有凹槽、白色，夏秋季在林中地上单个或成群生长，在我国黑龙江、吉林、内蒙古、河北、山西、青海、甘肃、陕西等地均有分布。

该菌质地细腻、味道鲜美，营养成分与猴头菇相当，是一种具有开发价值的子囊菌类野生食用菌。关于马鞍菌属真菌化学成分的研究报道很少，曾红等对同属真菌——裂盖马鞍菌（*Helvella leucopus*）子实体进行初步的化学成分研究，发现裂盖马鞍菌子实体中含有氨基酸、生物碱、甾醇等物质。该菌营养价值高、微量元素丰富且无毒性，是值得开发利用的一种美味子囊菌。

【分类学地位】真菌界（Fungi），子囊菌门（Ascomycotina），盘菌纲（Pezizomycetes），盘菌目（Pezizales），马鞍菌科（Helvellaceae），马鞍菌属（*Helvella*）

【俗名】多洼马鞍菌、羊肚蘑、木耳蘑

【拉丁学名】*Helvella lacanosa*

二、形态特征及分布

【菌盖】菌盖马鞍形，直径 2 ~ 5cm，表面平整或凹凸不平，盖边缘不与菌柄连接。

【菌柄】菌柄长 3 ~ 9cm，粗 0.4 ~ 0.6cm，灰白至灰色，具纵向沟槽。

【子囊和孢子】子囊（200 ~ 280）μm×（14 ~ 21）μm。子囊果小。褐色或暗褐色。孢子椭圆形或卵形，光滑，无色，含一大油滴，（15 ~ 22）μm×（10 ~ 13）μm。每个子囊里有 8 个孢子。侧丝细长，有或无隔，顶部膨大，粗达 5 ~ 10μm。

【分布】我国吉林、河北、山西、陕西、甘肃、青海、四川、江苏、浙江、江西、云南、海南、新疆、西藏等地。

三、营养价值

【营养成分】子实体脂酸；油酸、亚油酸等不饱和脂肪酸；甾体化合物；甲醇提取物。

【功效】调节人体脂质代谢，治疗和预防心脑血管疾病；抗炎、抗病毒、抗癌；药用或食用方面有较强的保健价值；抗肿瘤。

四、生长发育条件

（一）营养条件

研究表明，棱柄马鞍菌菌丝体生长的最佳碳源为 D-果糖；最适氮源为蛋白胨。

（二）环境条件

1. 温度

在野外条件下，每年春秋季节气温为 15 ~ 21℃，在天然林下单个或成群生长。菌丝生长温度范围为 5 ~ 38℃，最适为 25℃。

2. 光照

连续的光照或连续黑暗处理时，菌丝体能够正常生长，但菌落边缘参差不齐，甚至有菌丝扭结现象，由此看来，棱柄马鞍菌菌株生长需要光照，但不能持续时间太长。综合考虑，当采用 12h 光照+12h 黑暗条件处理时，棱柄马鞍菌菌株生长最佳。

3. 酸碱度

土壤为砂质土壤，营养元素少磷、富钾，石灰含量较高，pH 值为 8.5，偏碱性。

五、栽培技术

（一）培养基配方

PDA 培养基：马铃薯 200g，葡萄糖 20g，琼脂粉 20g，自然 pH 值。

LB 液体培养基：胰蛋白胨 10g/L，酵母提取物 5g/L，NaCl 10g/L，pH 值 7.0。

松针培养基：1/10 PDA，30g 松针。

（二）菌种分离

用无菌水冲洗子实体数次，然后用 75% 乙醇浸泡 10 ~ 15s，滤纸擦干，于菌盖与菌柄交界处，切取 5mm 左右小块，置于松针培养基，25℃培养。

（三）菌丝体分离

挑取活化好的菌种块 5 块（5mm）接种在 LB 液体培养基中，置于恒温摇床（25℃，150r/min）振荡培养。发酵液抽滤，收集菌丝，冷冻干燥机干燥，得到干菌丝体，放入−20℃冰箱储存备用。

（四）培养基与培养料

棱柄马鞍菌菌株生长的最适原种培养基为松木屑+麸皮；最佳母种培养基为松木屑+麦粒；最适宜的栽培料配方是松木屑+棉籽壳。

第十七节　羊　肚　菌

一、概述

羊肚菌（*Morchella* spp.），又名美味羊肚菌、羊肚子、阳雀菌、蜂窝蘑、羊肚菜，属真菌界（Fungi）子囊菌门（Ascomy cotina）盘菌纲（Pezizomycetes）盘菌目（Pezizales）羊肚菌科（Morchellaceae）羊肚菌属（*Morchella*）。戴芳澜《中国真菌汇总》记载，已知羊肚菌在中国主要有 8 个种，分别是普通羊肚菌（*Morchella esculeuta*）、小顶羊肚菌（*Morchella augusticeps*）、开裂羊肚菌（*Morchella diataus*）、硬羊肚菌（*Morchella rvgvda*）、粗柄羊肚菌（*Morchella crassvpes*）、尖顶羊肚菌（*Morchella couica*）、小羊肚菌（*Morchella deliciosa*）和高羊肚菌（*Morchella elates*）。羊肚菌见图 1-9。

近年来，羊肚菌受到了国内外学者的广泛重视，研究内容主要涉及资源种类、地理分布、生长环境、栽培技术、化学成分及药理活性。羊肚菌子实体和菌丝体均含有丰富的营养成分，包括蛋白质、脂肪、碳水化合物、粗纤维、叶酸和多种维生素等成分。

羊肚菌具有营养丰富、味道鲜美等诸多食用及药用价值，十分珍贵。国内外均有报道称已实现羊肚菌的人工栽培，山西省农业科学院食用菌研究所栽培基地也有成功栽培实例。

【分类学地位】真菌界（Fungi），子囊菌门（Ascomy cotina），盘菌纲（Pezizomycetes），盘菌目（Pezizales），羊肚菌科（Morchellaceae），羊肚菌属（*Morchella*）

【俗名】美味羊肚菌、羊肚子、阳雀菌、蜂窝蘑、羊肚菜

【英文名】morel

【拉丁学名】*Morchella* spp.

二、形态特征及分布

【菌盖】卵圆形，顶端圆钝，长 3～9cm，宽 2～5.5cm。表面有不规则至近圆形的凹坑，污白色或浅黄色，干后变灰白色至浅褐色、黑色。棱纹色较浅，不规则交叉。凹坑内表面布子实层。

【菌柄】近白色，粗壮。长 3～9cm，粗 1.5～4cm。初表面有颗粒状突起，后变光滑。基部膨大并有不规则凹槽，中空。

【子实层】由子囊和侧丝组成。子囊呈长圆柱形，无色透明，（200～320）μm×（18～22）μm。子囊内含 8 个单行排列的孢子。

【孢子】无色透明，呈长椭圆形，（18～24）μm×（12～14）μm。

【分布】我国四川、云南、贵州、青海、甘肃、新疆、河北、山西、陕西、江苏、北京、河南、吉林等地。欧洲、北美洲亦有分布。

三、营养价值

【营养成分】羊肚菌胞外多糖；子实体、菌丝体及发酵液；羊肚菌胞内多糖、菌丝体多糖、子实体多糖；菌丝体水提液。

【功效】性平、微寒，味甘。健脾养胃，补肾壮阳，补气祛痰。抗癌、调节免疫力、抗疲劳，抗衰老，降血脂、降血压、防止血栓形成；保护胃黏膜、治疗胃溃疡；保护肾脏（显著降低小鼠血清尿素氮和肌酐含量，提高小鼠超氧化物歧化酶、过氧化氢酶和谷胱甘肽过氧化物酶的活性，起到保护肾脏的作用）；保护肝脏（降低血清中的谷丙转氨酶和谷草转氨酶活性，降低肝脏中丙二醛的含量和肝脏指数，提高超氧化物歧化酶活性，并显著地减少 CCl_4 引起的肝小叶内灶性坏死）。

四、生长发育条件及生活史

(一) 环境条件

1.温度

人工栽培羊肚菌菌丝体生长在 5～25℃都可以生长，但最好在低温下生长，最适温度为 12～18℃。温度过低或过高都对出菇不利，造成商品价值低。

2.湿度

原基形成时是湿度管理的重要阶段，要保持空气相对湿度 85%～95%，可促进生长速度，总保持低温、潮湿的羊肚菌生长的基本条件。

3.光照

羊肚菌适宜在阴凉暗光背风的环境下生长，菌丝生长对光照无所谓，但以在阴暗环境生长最有利。子实体生长需要一定的光照，适宜三分阳七分阴的条件生长。

4.空气

羊肚菌的栽培要选择空气新鲜、场地无污染的环境，无灰尘、无农药、无放射性气体的场地优先。要保持空气流通，防止闷气或闭气影响正常出菇。

5.酸碱度

栽培羊肚菌培养基和覆土的 pH 值为 6.0～8.5。

(二) 生活史

羊肚菌的生活史可以从两个方面来阐述。

一是羊肚菌的子囊孢子可以在适宜的条件下萌发，生成尚未发生质配的初生菌丝。当外界条件改变，不适宜菌丝进一步营养生长时，如在温度不利、水分不足、养分枯竭等条件下，初生菌丝则可直接形成菌核。这些初生菌核能够越冬并且在春天萌发，形成可能产生子实体的菌丝。若无适宜的条件，即没有合适的环境或营养条件时，则初生菌核萌发，形成新的初生菌丝，再次进行营养生长。

二是羊肚菌子囊孢子萌发生成的初生菌丝，与另一亲和性初生菌丝发生相互作用，相互融合而产生稳定的异核体菌丝，两个基因型不同的核能因遗传互补作用而亲和。如果条件不利于进一步生长，则形成异核菌核。经受冬季冷冻及早春融化条件影响后，异核菌核有两个萌发方向，形成次生菌丝继续进行营养生长，或形成子实体进而发生有性生殖。

五、栽培技术

（一）栽培前准备工作

1.栽培种配料

杂木屑70%、麦麸20%、生石灰1%、石膏2%、腐殖质土7%；或杂木屑60%、小麦25%、生石灰1%、石膏2%、腐殖质土12%。

2.选地

以土质疏松、利水、平整的土地为宜，山地、林地、平原耕地、农田、果树林等均可。田地要求靠近水源，方便干旱季节取水。

3.整地

选择优质的田地，根据地形按水势、风向走势进行整地。在使用农田、水稻田等时，每公顷田需施撒750～1 125kg的生石灰或3 000～3 750kg草木灰，起到调节pH值和杀灭土壤中杂菌、害虫的作用；林地、山地以喷洒生石灰为宜。田地翻耕深25～30cm；整成畦，畦面宽1～1.4m，长度不限，畦间沟宽20～30cm、深20～30cm，方便排水和行人。

4.搭建遮阳棚

遮阳棚长宽任意，净高不低于1.8m，枝干以杉木杆、粗竹竿或水泥杆为主，枝干间距4m。4～6针黑色遮阳网是目前普遍采用的遮阴挡风网。遮阳棚分平棚和拱棚两种。拱棚以地形风向走势，宽5～8m，拱高2.2～2.5m，长度据田地而定，不建议超过100m，以免影响通风。平棚搭建根据田地面积决定，长宽任意。面积2 000～3 340m^{2}的田地，建议棚高1.8～2m；面积大于6 680m^2，棚高高于2.2m，以利于通风。在北方地区尤其要注意棚子的抗雪、抗风能力，避免大风、大雪造成塌棚事件。

（二）菌种制备

菌种是羊肚菌生产的关键所在，优良菌种是保证丰收的关键，要求品种合适、菌龄合适、生命力旺盛、纯净、无污染。菌种制备和常规食用菌一样，分母种、原种和栽培种。菌种的制备时间节点根据播种季节往前推2.5～3个月为宜，不能过早，以免影响菌种活力。

（三）栽培

1.播种

当秋季环境温度降到20℃以下时开始播种。选用优良的菌种，在整好的畦面上进行撒播、沟播或穴播，按照每公顷地3 000～3 375kg的栽培种进行播种。播种结束后，覆土2～3cm，土壤含水量保持在50%～60%。最后覆盖厚1～2cm稻草或麦秸，可起到一定保湿和避光作用。

2.“外援营养袋”补料

播种后大约1周，菌丝将长满畦面，形成“菌霜”，即无性孢子层。播种后10~15d，将进行整个生产中关键的一步——外援营养的添加，即“补料”处理。将灭好菌的“外援营养袋”按照每公顷27 000~30 000袋的使用量，侧边划口后均匀平扣在“菌霜”上，使羊肚菌菌丝可以直接接触“外援营养袋”中的培养料，菌丝将慢慢长进“外援营养袋”中并吸收营养，并向土层内的菌丝传送。待菌丝长满“外援营养袋”时，“外援营养袋”的营养逐渐通过菌丝转移至土壤中的菌丝后，移走“外援营养袋”。此时根据气候特点做低温休眠或催菇处理。撤袋与出菇前保持1周以上的低温刺激，有利于菌丝的分化出菇。

3.保育催菇和出菇管理

根据生产当地的气候特点，当冬季结束，春季气温逐渐回升至6~10℃时，增大空气湿度至85%~95%，土壤水分含量65%~75%，散射光照射，昼夜温差大于10℃，进行催菇管理。条件合适后，菌丝逐渐开始分化，在土壤内部或土层前表面扭结形成原基，最初的原基似豆芽粗细，浅白色。此时的原基最为幼嫩脆弱，须做好保育工作，防止原基夭折。羊肚菌出菇前1周左右常常伴随着残波盘菌（*Pezizare panda*）、林地盘菌（*P.sylevstris*）、泡质盘菌（*P.vesicalosa*）的发生，这些盘菌常被菇民朋友统称为“粪碗”，其可以作为羊肚菌出菇的一个标志物，但过多的“粪碗”会和羊肚菌争夺营养，要及时摘除。播种时将培养好的菌种揉碎至大拇指指甲盖大小，按照每公顷3 000~3 375kg的播种量均匀撒播在洼面上，再覆盖碎土2~3cm，完成播种；补料，按照每公顷27 000~30 000袋的使用量，将灭好菌的“外援营养袋”侧边划口后扣在洼面上，使洼面上的菌丝可以直接接触到“外援营养袋”里面的培养料，成熟的子囊果菌盖上的脊和凹坑明显分离，子囊果不再增大，即可采摘。

（四）出菇

当子囊果长至10~15cm，菌盖表面的脊和凹坑明显，脊由幼嫩时的敦厚、宽圆变得锐利、薄，并伴有蚀刻感，子囊果不再增大，即为成熟。采收时，用干净的手五指并拢，轻轻地抓住菇体，另一只手用锋利的小刀从菇体基部斜切，将菇摘下，并用小刀将菇体下面附带的土壤泥脚等杂物削掉，轻放于干净的篮子内。

第十八节　马　　勃

一、概述

马勃（*Calvatia gigantean*），又名大马勃、巨马勃，属真菌界（Fungi）担子菌亚门（Basidiomycotina）腹菌纲（Gasteromycetes）马勃目（Lycoperdales）马勃科（Lycoperdaceae）马勃属（*Lycoperdon*），是一种以腐生为主，共生作用为辅的大型温带真菌。马勃见图 1–10。

【分类学地位】真菌界（Fungi），担子菌亚门（Basidiomycotina），腹菌纲（Gasteromycetes），马勃目（Lycoperdales），马勃科（Lycoperdaceae），马勃属（*Lycoperdon*）

【俗名】大马勃、巨马勃

【英文名】puffball

【拉丁学名】*Calvatia gigantean*

二、形态特征及分布

【子实体】呈球形或近球形至扁球形，直径 15～35cm 或更大，不孕基部无或很小，由粗菌丝束深入土中。

【包被】两层，由膜状外包被和较厚的内包被组成，初期近白色，内部亦为白色，后包被变淡黄色，较脆，成熟时裂成块状脱落，露出浅青褐色孢体。

【孢子】淡青黄色，球形，光滑，或具细微小疣，直径 3.5～6μm。

【分布】我国辽宁、内蒙古、河北、山西、甘肃、新疆、青海、江苏、吉林、福建、河南、西藏、宁夏、云南、香港等地。非洲、欧洲、大洋洲、北美洲亦有分布。

三、营养价值

【营养成分】马勃多糖、挥发油、碳酸钠。

【功效】抗癌、抑菌、消炎镇痛；止咳、止血；治疗褥疮、冻疮；治疗慢性鼻窦炎。

四、生长发育条件及生活史

（一）营养条件

马勃的主要营养是碳素物质、氮素物质、矿物质和部分微量元素。子实体形成须基质的有机质含量不得高于 3%，以免出现只长菌丝不形成或很少形成子实体的情况。

（二）环境条件

1. 温度

菌丝体生长温度为 3～32℃，适宜温度为 18～25℃；子实体形成温度为 28～32℃，孢子萌发温度为 8～22℃。

2. 湿度

菌丝体生长阶段，基质含水量为 60%～70%；子实体形成时空气相对湿度要达到

85%～95%。

3.光线

菌丝体可在完全黑暗条件下生长，子实体形成需要 500～1 400lx 的光照。

4.空气

菌丝体生长阶段 CO_2 浓度不得高于 10%，子实体形成时 CO_2 浓度不能高于 25%。

5.酸碱度

菌丝体的生长和子实体的发生偏酸忌碱，pH 值以 3～5 较适宜。

（三）生活史

马勃子实体老熟后散发出数亿个孢子，形成雾状的担孢子尘。担孢子在土中越冬。翌年，温度适宜时，孢子萌发产生单核菌丝。单核菌丝再经双核化形成锁状联合。锁状联合的双核菌丝再经发育形成新的子实体。

五、栽培技术

（一）场地的选择

选择在海拔 960m 高的阔叶山林，山后为东西走向，场地向阳（半日照）。同时选择通风，坐北向南的房屋为生产厂房，室内光照强度为 600lx。

（二）孢子的收集

7—10 月是孢子成熟的季节，将采集的野生马勃孢子倒入经高压灭菌的沙土管中，并封闭存放在冰箱中。

（三）配制培养料

经发酵的干牛粪 20%、粉碎的稻草 27%、尿素 2%、腐殖土 50%、磷肥 1%，拌匀后调至含水量 65%，pH 值为 3～5。

（四）播种与发菌

将培养料分别铺在山坡上的畦中和室内地上。畦深 3～10cm、宽 66～80cm，长度据场地而定。播种时，每铺一层料撒一层孢子粉，一直到畦表面。之后盖上薄膜。室温控制在 18℃左右，室外按自然温度进行精细管理。

（五）覆土与出菇管理

11 月室外和室内的畦上同时覆土，土质为粗沙加腐殖质土，覆土厚度 2～3cm。室内覆土 1 月后将温度加至 28～32℃，早晚进行温差刺激，并增加干湿差，翌年 1 月现蕾，2 月初大量出菇。室外覆土后，由于温度低，翌年 5 月现蕾，6 月初大量出菇。

第十九节　白灵侧耳

一、概述

白灵侧耳（*Pleurotus nebrodensis*），又名白灵菇，属真菌界（Fungi）担子菌亚门（Basidiomycotina）伞菌纲（Agaricomycetes）伞菌目（Agaricales）侧耳科（Pleutotaceae）侧耳属（*Pleurotus*）。

白灵菇以其形状近似灵芝，全身为纯白色而得名，是一种野生的名贵食药用真菌。研究发现，白灵菇有防治老年人心脑血管疾病、妇科疾病、儿童佝偻病、防癌抗癌等功效。白灵菇含有丰富的蛋白质、碳水化合物及维生素等营养成分，长期食用能增强人体免疫力。野生白灵菇肉质细腻，脆滑浓香，味道鲜美，是一种珍稀的天然保健食品。

【分类学地位】真菌界（Fungi），担子菌亚门（Basidiomycotina），伞菌纲（Agaricomycetes），伞菌目（Agaricales），侧耳科（Pleutotaceae），侧耳属（*Pleurotus*）

【俗名】白灵菇、白灵侧耳

【英文名】white ferula mushroom

【拉丁学名】*Pleurotus nebrodensis*

二、形态特征及分布

【菌盖】直径 4～15cm，初近扁球形，展开呈扁平，中部下凹呈歪漏斗形或近平展，少有后檐，纯白色，厚，表面近平滑或似绒状。

【菌肉】白色，厚。

【菌褶】白色，后期微带粉黄色，延生，密，不等长。

【菌柄】长 3～10cm，粗 2～5cm，中生、侧生，少偏生，上部粗，基部往往稍细，白色，实心。

【孢子】无色，光滑，长椭圆形或柱状椭圆形，含油滴，(9～13.5) μm×（4.5～5.5）μm。

【分布】春秋两季发生在新疆的塔城、托里、阿尔泰、木垒等地的山地及山前平原。

三、营养价值

【营养成分】蛋白质含量占干菇的 20%，含有 17 种氨基酸，多种维生素和无机盐；真菌多糖。

【功效】消积化瘀、清热解毒。减少脂质过氧化作用，延缓衰老，延长寿命；防癌抗癌、防治老年人心血管病、妇科肿痛、儿童佝偻病和软骨病；治疗胃病、伤寒、产后瘀血、消积、杀虫、解毒、支气管炎、肠胃炎、痢疾、疟疾、腹部肿块、肝脾肿大、脘腹冷痛以及治疗肠道寄生虫等；增强人体免疫力、调节人体生理平衡。

四、生长发育条件及生活史

（一）环境条件

1. 温度

白灵菇是一种中低温型食用菌，其菌丝在5～32℃均可生长，最适温度为22～25℃；子实体发生范围为5～18℃，最适温度为7～13℃。菌株不同，对温度的要求略有不同。出菇时有低温刺激较为理想。

2. 湿度

白灵菇菌丝生长阶段养料含水量应在60%～70%，子实体生长发育时要求空气相对湿度保持在85%～95%。空气湿度过低，容易造成子实体表面龟裂；湿度过高，会滋生菇蝇。

3. 光照

白灵菇子实体生长并不需要光照。但子实体分化和生长发育需要一定的散射光。一般要求光照强度在200～1 500lx，子实体方可进行正常的生长发育。

4. 空气

白灵菇是好气性菌类，在菌丝体生长阶段其菌丝能耐受较高浓度的CO_2，当CO_2浓度达到22%时，其菌丝生长量达到最高值。在子实体发育时期则要有充足的氧气，对CO_2比较敏感。

5. 酸碱度

白灵菇在自然界中生长在树木的根系上，对土壤要求微碱性，pH值为7.8。菌丝生长的培养基pH值为5～9，以弱酸性生长较好。

（二）生活史

白灵菇的生活史是孢子→初生菌丝体→次生菌丝体→子实体→孢子这一循环过程。在适宜的条件下，孢子经24h即发芽，发育成单核菌丝，单核菌丝互相结合形成双核菌丝，双核菌丝继续生长发育，吸收大量的水分，同时分泌酶来分解和转化营养物质，发育到一定阶段，表面发生局部膨大，形成子实体。子实体成熟后产生孢子，完成一个生活周期。

五、栽培技术

（一）栽培料的选择

一般选用棉籽壳、锯木为栽培原料最好，其中以棉籽壳（65%）和桦木屑（45%），棉籽壳或玉米芯为原料生长的白灵菇的品质最好，生物学产量也最高。栽培养料常用的配方如下。

（1）棉籽壳 87%，麸皮 8%，玉米粉 3%，石膏 1%，石灰 1%；含水量 65%～68%，pH 值为 8。

（2）棉铃壳 40%，棉籽 40%，麸皮 10%，玉米粉 8%，石膏 1%，糖 1%。

母种、原种、栽培种的培养基一般以马铃薯 200g，葡萄糖 20g，硫酸镁 0.6g，磷酸二氢钾 0.7g，蛋白胨 3g，酵母膏 2g，琼脂 20g，水 1 000mL；或者葡萄糖 20g，硫酸镁 0.5g，磷酸二氢钾 0.46g，磷酸氢二钾 1g，蛋白胨 2g，酵母膏 2g，琼脂 20g，水 1 000mL。

在以上培养基（料）中加入适量的阿魏酸（2×10^{-3}mol/L）可以加快菌丝的生长速度，保持白灵菇的野生风味和药用价值。

（二）栽培方法

栽培方法一般为瓶栽和袋栽，但无论瓶栽还是袋栽培养料都需要灭菌处理。若发酵后的培养材料未经灭菌处理，接种后菌丝可以萌发，但 10 多天后会停止生长。接种后置于 25～28℃，空气湿度 65% 以下，黑暗或弱光照下培养 35d 左右，菌丝即可发满菌袋，但此时不能立即出菇。由于此时菌袋松软、菌丝稀疏，必须在 20～25℃、空气湿度 70%～75% 的条件下再培养 30～40d，使菌丝浓白、菌袋坚实、养分充足而达到生理成熟，然后才转入出菇阶段。此时要保持菇房空气流通，空气相对湿度保持在 90% 左右及适当散射光照射（此阶段若有适当的低温刺激可增加白灵菇的生物学产量）。开袋后，注意菇房卫生，防止病虫害的发生。子实体 10～15d 可长大成熟，在子实体菌盖还未完全展开前，即白灵菇长至八成熟时，应及时采收，防止孢子散落，影响产量及品质。一般每袋可产 1 朵菇，每朵菇重量为 150～250g。每袋一般只出 1 潮菇，经过进一步的精心管理可出 2 潮菇。采收后及时包装鲜销或加工处理。

第二十节　绣　球　菌

一、概述

绣球菌（*Sparassis crispa*），又名花椰菜菇、花瓣茸，属真菌界（Fungi）担子菌亚门（Basidiomycotina）层菌纲（Hymenomycetes）无（非）褶菌目（Polyporales）绣球菌科

（Sparassidacea）绣球菌属（*Sparassis*）。

绣球菌原为野生珍稀菇类，20 世纪 90 年代日本驯化栽培成功，进入商业化生产。继韩国之后，中国是第三个栽培绣球菌的国家。近年来，中国福建、吉林、四川、山东、浙江等省先后试种成功。目前，国内民众仅知绣球菌名贵，极少见到产品，市场前景十分看好。

【分类学地位】真菌界（Fungi），担子菌亚门（Basidiomycotina），层菌纲（Hymenomycetes），无（非）褶菌目（Polyporales），绣球菌科（Sparassidacea），绣球菌属（*Sparassis*）

【俗名】花椰菜菇、花瓣茸

【英文名】cauliflower mushroom

【拉丁学名】*Sparassis crispa*

二、形态特征及分布

【菌盖】呈银杏叶形或鸡冠形的瓣片状，相互交错，密集成丛，丛径 8 ~ 30cm，酷似绣球花，乳白色至浅黄色。

【菌肉】白色，初为肉质，后期稍带韧性。

【菌柄】近白色，老后变黑色，短粗，多次分枝，直立，长 2 ~ 4cm，粗 2 ~ 3cm，向下稍延长似根。

【孢子】无色，近球形至广椭圆形，光滑，不分隔，大小（4 ~ 5）μm×（4 ~ 4.5）μm。

【分布】我国吉林、黑龙江、河北、云南、陕西、广东等地。日本、韩国，以及欧洲、大洋洲、北美洲的一些国家和地区亦有分布。

三、营养价值

【营养成分】绣球菌多糖：β-葡聚糖（高达干重的 43.6%）；绣球素。

【功效】提高人体免疫力及机体造血功能，抗癌、防癌，抗真菌。

四、生长发育条件和生活史

（一）营养条件

绣球菌菌丝分解能力较强，碳源有葡萄糖、果糖、甘露糖 3 种单糖及双糖中的麦芽糖。氮源主要是铵态氮，硝态氮及亚硝酸盐。人工栽培的培养基为木屑、麦麸和其他辅料添加剂。较适应含有木质素和纤维素的有机物。

（二）环境条件

1.温度

菌丝生长温度为 10～30℃，最适温度为 20～26℃；原基形成最适温度为 20℃左右；子实体发育温度为 14～26℃。

2.湿度

培养基含水量以 60% 为适，子实体发育期间空气相对湿度为 85%～95%。

3.光照

菌丝可在黑暗环境下正常生长，但后期需要的光照强度高于其他菌类，一般要 400lx。子实体生长期每天需要光照 500～800lx。

4.酸碱度

培养基 pH 值为 6～6.2；pH 值超过 7.5 或 pH 值低于 4.5，菌丝生长受阻。

（三）生活史

绣球菌的子实体为繁殖器官，但它还有一个特殊性，采收后留下的菌柄埋于土中，翌年可再生新的担子果。担子果借助雨水飞溅和风力的作用释放担孢子，以芽殖方式形成芽生孢子，通过核分裂、孢子膨胀和芽管形成双型菌丝系统。生殖菌丝粗，有索状联合，菌丝生理成熟后在足够的光、氧、适温下形成胚胎组织，即原基，逐步分化成子实体。子实体成熟后再释放出孢子，周而复始，完成生活的全过程。

五、栽培技术

（一）栽培季节

绣球菌属中低温品种，在自然气候条件下进行季节性（常温）栽培，温度以 22～26℃为宜。制袋栽培时间应安排在 9—10 月进行，出菇期在 11 月至翌年 3 月。工厂化栽培有控温条件的菇房可周年生产。

（二）栽培设施

栽培菇房应坐北朝南，墙壁坚固、平滑，便于清洗、消毒，可采用彩钢泡沫夹心板建成，增强保温和隔热性能。地面应坚实、平整，利于管理和采收。须安装 2～4 台 40cm×40cm 外带百叶扇的排气扇。

工厂化栽培菇房墙体多采用彩钢泡沫夹心板建成，内墙厚 8～10cm，四周墙体厚 10～15cm，房顶厚 13～15cm。也可用挤塑泡沫板建造，以增强保温和隔热性能。占地面积为 60～70m^2 的，应安装一台 7.5～10hp 制冷机及配套的风机；占地面积为 80～100m^2 的，可安装 10～13hp 的制冷机及配套的风机。每间菇房需安装 40W 节能灯 15～18 盏，或相应亮度的白色 LED 灯带。

栽培床架采用竹木、不锈钢、角铁架等制成。床架设 4 ~ 5 层，下层距地面 20 ~ 30cm，层间距 45 ~ 50cm。靠墙的宽 60 ~ 70cm，中间的宽 110 ~ 130cm，最高层距顶棚 80 ~ 100cm，过道宽 70 ~ 80cm。栽培架下方，安装与栽培架长度相同、直径为 15 ~ 20mm 的硬塑料水管，并将水管错位打孔，孔直径 0.5 ~ 0.7cm，孔与孔间距 15 ~ 20cm。

（三）栽培基质选择

绣球菌为木腐菌，栽培原料以杨树、柳树、榆树、榕树、油茶、栎树、山毛榉等阔叶树木屑为宜，若采用柏、松、樟、杉等树种木屑则须在室外堆积 3 ~ 5 个月。木屑要求新鲜干燥、无霉变，过筛备用；棉籽壳要新鲜干燥、无虫蛀结团、无混杂物；麦麸、米糠和玉米芯等要新鲜，无霉变虫蛀，无异味。培养料颗粒大小适宜、粗细均匀。颗粒太粗，装袋（瓶）后料内空隙大，保水能力差；颗粒过细，装料过于紧实，通气性差，都会影响发菌速度和质量。

基质配方可有如下几种。

（1）杂木屑 50%，棉籽壳 25%，麦麸 16%，玉米粉 6%，生石灰粉 1.5%，碳酸钙 1%，磷酸二氢钾 0.3%，硫酸镁 0.2%；含水量 63% ~ 65%。

（2）杂木屑 30%，黄豆秆（棉花秆）23%，玉米芯 25%，麦麸 18%，玉米粉 3%，碳酸钙 1%；含水量 63% ~ 65%。

（3）棉籽壳 30%，玉米芯 20%，杂木屑 20%，甘蔗渣 10%，麸皮 9%，玉米粉 5%，豆饼粉 2%，石灰粉 2%，蔗糖 1%，碳酸钙 1%；含水量 63% ~ 65%。

（4）棉籽壳 50%，花生秆粉 20%，麸皮 15%，豆粕 10%，玉米粉 3%，石灰粉 1%，石膏粉 1%；含水量 63% ~ 65%。

（四）栽培方法

1. 建堆发酵

按配方比例备好原料，棉籽壳、玉米芯提前 1 ~ 2d 预湿，水分吸收充足后，与甘蔗渣、黄豆秆、花生秆粉等干料混合搅拌均匀，含水量控制在 68% ~ 70%，pH 值调至 8.5 ~ 9.5。将培养料建梯形堆，堆宽 1.5 ~ 1.8m、高 1.3 ~ 1.6m，长度根据场地而定。建堆后用木棍打通气孔，孔径 6 ~ 8cm，孔距 40 ~ 60cm，共打 4 ~ 5 排。料堆上盖塑料薄膜，薄膜下部要高于地面 40cm，以利通气和遮阳。建堆后 48 ~ 72h，堆中心料温达 65 ~ 70℃，第 3 ~ 4d 开始第 1 次翻堆；隔 3d 进行第 2 次翻堆，再过 2 ~ 3d 进行第 3 次翻堆。发酵时间一般为 9 ~ 10d，翻堆力求内外、上下均匀交换，以达到均匀发酵的目的。发酵好的培养料呈棕褐色，不黏、不朽、无酸臭味，具备一定香味，其含水量宜在 65% 左右。

2. 拌料与装袋

发酵好的培养料按配方比例加入木屑、麸皮、玉米粉、豆饼粉、豆粕，石膏粉（过磷酸钙）、蔗糖、磷酸二氢钾、硫酸镁、碳酸钙等辅料后，倒入搅拌机搅拌均匀，调节培养料含水量至 63% ~ 65%、pH 值至 8.0 ~ 9.0，进行装袋。采用袋径 17 ~ 20cm，长 35 ~ 38cm

（短袋）或 42～45cm（长袋），厚 0.004～0.005cm 的聚丙烯或低压聚乙烯塑料袋，一端用线绳扎紧。用 ZD1000 型冲压式装袋机装袋，短袋装 16～18cm，长袋装 35～38cm。装料要松紧适中，以用中等力度压料而料不下陷为宜。装好的料袋要及时套上套环，塞上棉花塞，竖放于聚丙烯塑料框内。每框 12 袋，盖上防潮盖，后进行灭菌。

3.灭菌与接种

常压灭菌争取在 3～4h 内使温度上升到 100℃，而后维持 20～23h，并焖 6～8h，待锅内温度降至 80℃以下时出锅，料袋冷却至 27℃以下后接种。高压灭菌要求蒸汽温度为 125℃，在 150kPa 压力下保持 3～4h。接种室使用前提前 3～4d 进行消毒。接种时，先把菌袋、接种用具、酒精灯等物品一起放入接种箱或接种室内，开启紫外线灯照射 30～40min，或用气雾消毒盒熏蒸，然后开始接种。接种要严格按无菌操作规程进行。接种时，挖去菌种瓶（袋）内表层 2～3cm 厚的老化菌种，短料袋接种要均匀铺满料面；长料袋接种可在袋面打等距离宽 1.5cm、深 2cm 的接种穴 3～4 个，接入菌种后穴口用胶布贴封。每瓶菌种可接 20～30 袋培养料。

4.发菌管理

接种后的料袋置于经消毒处理的干燥、避光、通风良好的室内养菌。前 3d 室温控制在 26℃，以加快菌丝萌发定植。从第 4d 开始，室温调至 23～26℃，空气相对湿度控制在 70% 以下。前期不需光照。每天通风 1～2 次，每次 20～30min。培养 20d 后，适当增加通风量。培养 25～30d 时，长袋揭开穴口胶布，通风增氧；短袋打开袋口扎绳或套环，松口透气。袋温上升时，应疏袋散热，上下、里外对调，使发菌均匀。后期 100～200lx 光照可促进菌丝发育，菌丝生长适宜温度 24～26℃。在适温条件下，一般培养 40～50d 后菌丝走满袋。

5.出菇管理

将走满菌丝的菌包直接摆在架上，袋口朝上，打开袋口扎绳或套圈后，扭拧一下袋膜，以吸进空间氧气，加速菌丝生理成熟。向地面洒水和空间喷雾化水，使空气相对湿度达到 85%～90%。由于立袋出菇的保湿性较差，因此要常喷雾化水，以增加空间湿度。原基期管理时，在立袋后 15～18d 袋内出现原基时，短袋把袋口薄膜拉直，稍松开袋口，以促进氧气透进袋内；长袋根据原基叶片分化程度及原基生长的部位决定开袋模式。原基生长在袋口处正中央的料面上的，用常规开袋手法，直接将袋口打开；长在底部及四周袋壁的，则要及时割开塑料袋膜。在开袋之前，要对剪刀进行消毒，开袋时将包裹住子实体的袋膜全部剪下。每剪 1 次消毒 1 次，以确保无菌操作。原基形成至分化结束一般需要 20～25d，开袋后温度应控制在 16～21℃，要雾化增湿，空气相对湿度控制在 90%～95%，但不能结成水珠。幼菇期管理时，子实体发育温度 17～20℃，温度太高或太低，子实体都难以形成。在幼菇期子实体易变黄、死亡，管理是关键。须保持环境湿度相对稳定，做到“保湿为主，补水为辅”，一般不喷水。干燥天气可同时向地面喷水和向空间喷雾状水，水不能直喷菇体。在子实体长至 3～4cm 高时，子实体对环境的适应性增强，可每天喷水

2~3次，采取喷雾器朝上或侧向喷水，同时增加通风量。

6.伸长期管理

在出菇生长阶段需要散射光照射，光照掌握300~500lx，每天需光照3~5h，待7~10d后光照减弱，但要有一定的散射光。待子实体分化出小叶片，高度超过袋口时，剪开袋子的一侧，并向下撕开挽下袋口，将子实体全部露在外面。在此环境下再培养30d，子实体达到成熟时，可少量喷水或停水。

第二十一节　黑皮鸡枞菇

一、概述

黑皮鸡枞菇（*Oudemansiella raphanipes*），又名长根菇、长根小奥德蘑、长根金钱菌、露水鸡枞，属真菌界（Fungi）担子菌亚门（Basidiomycotina）伞菌纲（Agaricomycetes）伞菌目（Agaricales）白蘑科（Tricholomataceae）小奥德蘑属（*Oudemansiella*）。黑皮鸡枞菇肉质细嫩、味道鲜美，富含蛋白质、氨基酸、脂肪、糖类、维生素、微量元素及真菌多糖、三萜类、朴菇素、生物碱、牛磺酸、叶酸等多种营养成分。黑皮鸡枞菇见图1-11。

二、形态特征及分布

【菌丝体】初期白色，成熟后产生灰褐色膜状物。成熟的菌丝体可扭结产生原基，进一步发育称为菌蕾。菌丝有隔膜。

【菌盖】初呈半球形，后渐至平展，中部稍凸，有深色辐射状条纹，直径3~13cm。浅褐色至暗褐色，光滑，有黏性。

【菌肉】白色，薄。

【菌褶】白色，直生至弯生，宽，稍密，不等长，褶缘平滑。

【菌柄】浅褐色，近圆柱形，向下渐稍粗，地上部分粗0.3~2cm、长6~20cm，近光滑，有纵条纹，常扭曲，纤维质，基部稍膨大并向下伸延形成很长的假根。

【孢子】卵圆形，表面光滑，无色，广椭圆形至卵圆形，光滑，(13~18)μm×(10~15)μm。孢子印白色。

【分布】我国四川、云南、河北、安徽、江苏、浙江、福建、海南、吉林、广东、西藏、河南、广西、黑龙江和台湾等地。非洲、大洋洲、北美洲、欧洲亦有分布。

三、营养价值

【营养成分】黑皮鸡枞菇子实体氨基酸总量为干重的 14%～15%，其中人体必需氨基酸和支链氨基酸含量丰富。尤其是含硫氨基酸含量很高。含硫氨基酸在人体代谢中参与合成胆碱和肌酸。胆碱是一种抗脂肪肝的物质，在肝脏中毒时起到保护作用。肌酸是机体内一种自然形成的氨基酸，该氨基酸可帮助机体快速解除疲劳，还可增加机体的肌肉力量。

黑皮鸡枞菇的饱和脂肪酸在含量子实体为 21.1%，在菌柄中为 14.6%，主要脂肪酸为亚油酸、棕榈酸、油酸、硬脂酸和花生酸。黑皮鸡枞菇多糖主要由甘露糖、葡萄糖和半乳糖组成。有研究表明黑皮鸡枞菇多糖有抗病毒、抗肿瘤、降低机体胆固醇含量及防止动脉硬化的作用。黑皮鸡枞菇子实体和发酵液中可提取到小奥德蘑酮（oudenone），该物质有降压作用。有研究表明，黑皮鸡枞菇中可分离出一种新的抗生素——黏蘑菇菌素（mucidin）具有很强的抗真菌活性。

【功效】性凉，味微苦。健脾养胃，治疗痔疮、降压抗菌、醒脑；提高人体免疫力、抗菌消炎、抗氧化、抗病毒、抗肿瘤。

四、生长发育条件及生活史

（一）营养条件

黑皮鸡枞菇属土生型木腐菌，分解木质素能力较强。阔叶树木屑、棉籽壳、秸秆等可用作菌种培养基和栽培主料，再添加适量的麸皮、米糠、玉米粉、磷肥、石膏等为辅料，便可满足菌丝体和子实体生长发育对营养物质的需求。

（二）环境条件

1. 温度

黑皮鸡枞菇是生长于夏季至秋季的中温或中高温型食用菌。菌丝生长温度范围为 13～33℃，最适温度为 19～24℃。出菇温度为 15～28℃，适宜温度为 25℃左右。

2. 湿度

黑皮鸡枞菇菌丝体生长最适温度为 60%～62%，出菇前栽培基质含水量不能低于 55%，培养期间栽培基质含水量不能低于 75%。子实体发育期间空气相对湿度应保持在 85%～90%。

3. 空气

黑皮鸡枞菇是好气性菌类，子实体生长发育过程中要求空气清新，CO_2浓度在 0.3% 以下。通风不良，CO_2浓度过高，菌丝体生长较慢，菇体小、发育不良。

（三）生活史

单个担孢子萌发为初生菌丝。不同极性的菌丝发生交配，形成次生菌丝。次生菌丝经过生长和成熟，产生四孢子实体。四孢子实体的担子内进行减数分裂，产生四个担孢子。若初生菌丝未发生交配，可产生双孢子实体，双孢子实体的担子内进行有丝分裂，产生两个担孢子。

五、栽培技术

（一）栽培季节

栽培季节应根据各地的气候条件而定，北方可安排在5—10月出菇，南方安排在3—10月出菇，菌袋制作一般在适宜的出菇季节前2.5～3个月进行。

（二）培养料配方

（1）棉籽壳37%，麸皮25%，木屑36%，糖1%，碳酸钙1%。

（2）木屑80%，麸皮18%，糖1%，碳酸钙1%。

（三）菌袋制作

菌袋制作时若配方中有棉籽壳，需在制作菌袋的前一天将棉籽壳预湿，棉籽壳的含水量掌握在70%～75%，其他培养料不需要预湿。制作时将各种培养料混合搅拌均匀，调好含水量，以55%～60%为宜。选用聚乙烯塑料袋为栽培袋，短袋栽培每袋可装干料300～450g，长袋栽培每袋可装干料800～1 000g。

（四）灭菌

一般采用常压灭菌，装好袋后迅速搬入常压灶进行灭菌，当温度升到100℃时保持15～20h。

（五）接种

灭菌结束后将菌袋移入冷却室冷却，当料袋内温度降至30℃以下即可接种。接种可在接种箱也可采用接种室。长袋栽培在无菌条件下，在料袋的一侧面上打4个直径1～2cm、深1.5cm的孔穴，接入成块的菌种，然后用透明胶布封口。短袋栽培打开袋口直接接种。接种后将菌袋移入培养室培养。

（六）菌袋培养管理

菌丝培养期间控制室温19～24℃，无光，相对湿度70%以下。菌丝生长5～10d后，要每隔10d左右检查一次菌袋，发现有污染的菌筒要及时清理。黑皮鸡枞菇是好气性食用菌，在菌丝生长过程中要经常通风，防止CO_2浓度过高影响菌丝的生长。菌袋培养35～

40d 后，菌丝可长满菌袋，菌袋长满菌丝后需要继续培养 30～35d，菌丝才能达到生理成熟。

（七）出菇管理

菌袋培养 60d 左右后，料面的气生菌丝会转成褐色。若发现菌袋料面有革质菌皮，在开袋时应将其耙掉。当菌丝已达生理成熟后便可出菇。出菇可采用脱袋出菇、不脱袋覆土出菇、菌袋直接出菇等方法。

1. 脱袋出菇

脱去菌袋的塑料袋，排放在菇棚中，棚顶盖遮阳网或秸秆，菇棚内保持三阳七阴。筒与筒之间间隔为 3～5cm，间隔间填满土粒，菌筒表面覆 3～5cm 厚土粒。覆盖用的土宜采用较肥沃、腐殖质含量高的土壤。

2. 不脱袋覆土出菇

解开菌袋，将菌筒竖直排放在菇棚内地上或菇棚床架上，在菌袋料面上覆盖 3～4cm 厚的菜园土或腐殖质含量高的土粒，菇棚内保持三阳七阴。

3. 直接出菇

若用短袋栽培，当黑皮鸡枞菇菌丝生理上成熟时，打开菌袋口直接出菇。若采用长袋栽培，菌丝成熟时，将菌袋移到出菇场地，在菇棚内喷水增加湿度，制造温差，当原基形成时，用小刀切破袋膜出菇。

第二章　山西野生真菌资源

第一节　概　　述

山西省大型野生真菌资源非常丰富，可以开发食用的主要包括食用菌、药用菌，还有许多尚未认知的种类。苔蘑是一种纯天然、无污染的绿色食用菌，生长在五台山周边海拔1 500～2 500m的五座台顶周围的林、草、灌丛内和亚高山草甸上。苔蘑对土壤、温度、植被等生长环境要求很严，在不同环境、不同季节生长着不同种类的苔蘑，其品种多、味嫩、营养丰富，具有较高的食用、药用价值。苔蘑的分布范围小、产量少，是珍稀的野生真菌。到目前为止，调查发现的菌种有香蕈、银盘、雷震、水皮等32种。

苔蘑气味芬芳，极富营养价值，蛋白质含量高达40%，并含有18种氨基酸和多种维生素。入药能够降低人体中的胆固醇，对于预防和治疗肾脏病、糖尿病、胆结石、肝硬化具有显著作用。

本章节以苔蘑为主要内容，介绍了山西省部分食药用野生真菌资源，同时列出几种较常见的有毒不可食野生真菌，为我所野生真菌资源研究提供支撑。

第二节　苔蘑主要种类

一、大白桩菇

（一）概述

大白桩菇（*Leucopaxillus giganteus*），又称白银盘、青腿子（河北）、大青蘑、大白桩蘑、雷蘑，属真菌界（Fungi）伞菌纲（Agaricomycetes）伞菌目（Agaricales）白蘑科（Tricholomataceae）桩菇属（*Leucopaxillus*）。大白桩菇见图2-1。采自海拔2 350～2 530m的落叶松、云杉混交林内草地的蘑菇圈道上，单生或群生。

【英文名】giant leucopax

（二）形态特征及分布

菌盖：中凹形，直径7.8～17.6cm，污白色或灰黄色，光滑，边缘内卷至渐伸展。菌肉：白色，厚。菌褶：白色至污白色，窄形，不等型二分叉。菌柄：较粗壮，中生、实心，长 8 ~ 13cm，直径 2 ~ 5cm。白色至青白色，有纤维状条纹，无菌环、菌托、菌幕。孢子：呈卵圆形，无色，（6 ~ 9）μm×（4 ~ 7）μm。

【分布】河北、内蒙古、吉林、辽宁、山西、黑龙江、青海、新疆等地。

（三）营养价值

【营养成分】人体生理活性必需的矿物质钙、磷等；粗蛋白高达 41.84%，含有 18 种氨基酸，其中，人类必需的 8 种氨基酸更为丰富，占全部氨基酸的 33.31%。维生素 B_1、维生素 B_2、维生素 A 含量也很高。

【功效】维生素 B_1、维生素 B_2 参与糖的代谢，有保护神经的作用，还能进肠胃蠕动，增加食欲；维生素 A 维持人体正常的视觉反映，具有维持正常的骨骼发育，以及维护皮肤细胞柔软细嫩，防皱去皱的功效；增强肌体综合免疫水平，抗肿瘤，预防和辅助治疗心脑血管系统疾病（如高血压、高血脂、动脉粥样硬化、脑血栓），抗菌消炎，调节内分泌，保肝护肝，以及清热解毒、镇静安神、化瘀理气、润肺祛痰、利尿祛湿等扶正压邪的功效。

（四）栽培技术

大白桩菇菌丝生长的最适温度为 25 ~ 26℃，最佳 pH 值为 5 ~ 6，最佳碳源为蔗糖，最佳氮源为尿素，能明显促进菌丝生长的微量元素为酸镁，最佳培养基为腐殖土、PDA。

二、紫丁香蘑

（一）概述

紫丁香蘑（*Clitocybe geotropa*），又称裸口蘑、紫晶蘑、紫杯菌、紫蘑、红网褶菇、花脸磨蘑、刺蘑（黑龙江）、紫口蘑（吉林），属真菌门（Fungi）担子菌亚门（Basidiomycotina）层菌纲（Hymenomycetes）伞菌目（Agaricales）白蘑科（Tricholomataceae）紫丁香蘑属（*Clitocybe*）。紫丁香蘑见图 2-2、图 2-3 和图 2-4。

【英文名】blewit

（二）形态特征及分布

【形态特征】菌盖：半圆形，直径 5.4 ~ 8.9cm，边缘内卷、全缘整齐，肉桂色，边缘色浅，光滑、干燥，无附属物。菌褶：浅肉桂色，不等长，数次分叉形，延生，尖端渐狭窄。菌柄：中生，圆柱状或棒状，长度 5.8 ~ 7cm，直径 0.8 ~ 2.5cm。浅肉桂色，有纤维状纵条纹，肉质、中实型，无菌环、菌托、菌幕。孢子：卵圆形，无色，（6.4 ~ 9）μm×（5.4 ~ 8）μm。

【分布】我国四川、黑龙江、福建、青海、新疆、山西、陕西等地。亚洲、欧洲、北美洲、大洋洲的一些地区亦有分布。

（三）营养价值

可食用，菌肉厚，具香气，味鲜美。含有维生素 B_1，能调节机体糖代谢，促进神经传导，有抗癌的功效。经常食用有预防脚气病的作用。

（四）栽培技术

1. 母种培养基配方

将分离得到的紫丁香蘑纯菌种在 PDA 综合培养基（马铃薯 200g，葡萄糖 20g，琼脂 20g，硫酸镁 1g，蛋白胨 2g，磷酸二氢钾 2g，加水至 1 000mL）上进一步扩大培养，母种培养基配方如下。

（1）黄豆粉培养基：黄豆粉 40g，蛋白胨 2g，葡萄糖 20g，琼脂 20g，加水至 1 000mL。

（2）木屑培养基：木屑 200g，麦麸 100g，麦芽糖 20g，硫酸铵 1g，琼脂 20g，加水至 1 000mL，自然 pH 值。处理方法：将木屑晒干，去除杂质，称重，加适量水浸泡 10min，煮沸 30min，4 层纱布过滤，取过滤液。

选取培养好的紫丁香蘑菌丝块（直径约 0.5cm）接种于培养基上，然后置于 25℃的恒温暗室中培养。

2. 原种培养基配方

原种培养基配方：木屑 73%，稻草 5%，黄豆粉 15%，白糖 3%，碳化钙 2%，磷酸二氢钾 0.5%，石灰 1%，石膏 0.5。

3. 栽培种培养基配方

栽培种培养基配方：干牛粪 55%，稻草 36%，豆饼粉 5%，碳化钙 2%，磷酸二氢钾 0.5%，石灰 1%，石膏 0.5%。

将主料和辅料常规拌料装袋，选用规格为 17cm×33cm 的聚乙烯折角袋，按常规方法灭菌、接种。

紫丁香蘑人工驯化栽培方法采用熟料二段法（袋栽脱袋覆土法）栽培，即采用木腐菌的袋栽法结合覆土工艺进行栽培。袋装熟料接种后适温培养菌丝体，然后脱袋覆土进行出菇管理。工艺流程：备料→按配方拌料→装袋灭菌→冷却接种→菌丝培养→脱袋覆土→出菇管理→采收。

三、垩白桩菇

（一）概述

垩白桩菇（*Leucopaxillus albissinus*），当地群众称之为大香蕈。样本采自海拔 2 150m

的云杉、落叶松混交林间空地的蘑菇圈道上，植被 96% 为苔草，有少量的蕨类。坚白桩菇见图 2-5。

（二）形态特征

菌盖：半球形，直径 5 ~ 19cm，边缘内卷，全缘整齐，表面干燥、光滑、白色。菌褶：淡肉色，窄形，尖端渐窄，不等长二分叉，延生型。菌柄：粗筒状，基部膨大，长 6.5 ~ 11.5cm，直径 2.5 ~ 6.5cm，中生、实心，白色、肉质、质密、表面光滑，无菌环、菌托和菌幕。孢子：卵圆形至球形，无色，（5 ~ 6.6）μm×（4 ~ 6）μm。

（三）营养成分

含有多种氨基酸和维生素，蛋白质含量高达 40%，维生素及矿物质含量也很高。

四、粉紫香蘑

（一）概述

粉紫香蘑（*Lepista personata*），又称黄香蕈、豆腐香蕈。样本采自海拔 2 150m 的云杉、落叶松混交林草地上，植被主要是蕨类和苔草。粉紫香蘑见图 2-6。

（二）形态特征与分布

【形态特征】菌盖：初半圆形，后渐平展，最后中凹脐突形，直径 5.6 ~ 19cm，边缘初内卷后平展，全缘整齐；杧果棕色，顶端色深。表面干燥。菌褶：浅肉色，窄形，不等长，二分叉，尖端渐窄，延生。菌柄：圆柱状，基部稍膨大，长度 4.4 ~ 11cm，直径 1.1 ~ 1.8cm，甘草黄色，中生、肉质、中实，有纤维状纵条纹，无菌环、菌托、菌幕。孢子：瓜子形至卵圆形，（5.4 ~ 9）μm×（4 ~ 6）μm，无色。

【分布】黑龙江、内蒙古、甘肃、新疆、山西等地。

（三）营养价值

可食用，肉质厚，具香气，味鲜美，是一种优良食用菌。有记载它与杉、松、栎等树木形成外生菌根。

五、肉色杯伞

（一）概述

肉色杯伞（*Panus gigianteus*），又称猪肚菇、大杯伞、笋菇、红银盘。属真菌界（Fungi）担子菌亚门（Basidiomycotina）层菌纲（Hymenomycetes）伞菌目（Agaricales）白蘑科（Tricholomataceae）杯伞属（*Clitocybe*）。肉色杯伞见图 2-7 和图 2-8。肉色杯伞以下称猪肚菇。

（二）形态特征及分布

【形态特征】子实体：为中大型，群生或单生，浅漏斗状。菌盖：4~25cm；菌盖棕黄色至黄白色。菌肉：白色。菌柄：中生，长3~13cm。菌褶：延生，白色至浅黄白色，宽6~8mm，稍密至密，具三种或四种长度的小菌褶。孢子：孢子印白色。

人工栽培中，子实体从原基形成到完全成熟经历棒形期、钉头期、杯形期、成熟期4个阶段。原基形成期初白色、球形或卵圆形，后为棒形，埋于覆土内，出土后变为灰色并不断加深至黑褐色，然后原基分化出菌盖和菌柄，呈钉头状，以后进入快速生长期，伸展出长柄漏斗状，以后进入快速生长期，伸展出长柄漏斗状或高脚杯状的菌盖。

【分布】野生猪肚菇主要分布在中国的广东、福建、湖南、海南、山西等地。东南亚地区和大洋洲亦有分布。

（三）营养价值

【营养成分】猪肚菇具有较高的营养价值及食用价值，从蛋白质的含量上讲，猪肚菇高于一般的木生菌而低于粪草生菌。据福建省农科院中心实验室分析，猪肚菌的蛋白质含量与香菇、金针菇相当。菌盖氨基酸含量为干物质的16.5%以上，其中必需氨基酸占氨基酸总量的45%，比一般食用菌高，亮氨酸和异亮氨酸含量也位于一般食用菌之首。菌盖因含有较高的蛋白质和较低的纤维素，其营养及食用价值高于菌柄，菌柄中虽然也含相当量的蛋白质，但由于其中的纤维程度高，影响了它的食用价值。猪肚菇子实体的菌盖、菌褶和菌柄中含有微量元素Na、Mg、Ca、K、Fe、Cu、Mn和Zn。

【功效】提高免疫力，增加常压耐缺氧性，抗疲劳，可作为保健食品原料或功能添加剂。

（四）栽培技术

1.栽培季节

猪肚菇属高温菇类，菌丝长满袋需30~35d，春季接种制袋应在当地气温升至23℃以前40d左右开始，采收期9月中下旬结束。有加温条件的菇房可提早接种，采收期也可适当延迟。

2.栽培场所

猪肚菇出菇期正值高温高湿的夏季，为了减轻病虫害的发生，选址要远离不洁之源，如垃圾场、禽畜场，并要事先做好消毒和灭虫处理。地下菇棚、阴棚、蘑菇房都可使用。

3.栽培工艺

猪肚菇为熟料袋栽、脱袋覆土出菇的栽培工艺。常用配方如下。

（1）阔叶树木屑78%，麦麸20%，糖1%，石膏1%。

（2）阔叶树木屑40%，稻草40%，麦麸15%，玉米粉2%，糖1%，石膏1%，石灰1%。

（3）阔叶树木屑40%，棉籽壳或废棉40%，麦麸15%，玉米粉3%，糖1%，石灰1%。

按常规配料分装灭菌后，接种在25～28℃下发菌，菌丝长满袋后移入菇棚，脱袋排好，覆土3～4cm厚，并调水，保持土层湿润，覆土7～15d即可在土面上见到棒状原基，出菇期间保持菇房温度为23～32℃，大气相对湿度为80%～90%。

出菇期要注意菇房内的环境卫生，要特别注意防霉防虫，可定期在菇房外围喷洒敌百虫、敌敌畏等杀虫剂。菇房内发生害虫可采收后喷洒二嗪农（800倍液）或溴氰菊酯（3 000倍液）后密闭24h。保持菇房空气新鲜，切忌长时间的高温，以预防霉菌滋生。

六、黄白杯伞

（一）概述

黄白杯伞（*Clitocybe gilva*），样本采集于山西省吕梁市方山县北武当山混交林地上。

（二）形态特征

子实体：小或中等。菌盖：宽5～10cm，肉质，扁平，后平展，中部下凹，淡黄色，上有斑点，干，光滑，边缘内卷，波状。菌肉：白色，薄。菌褶：苍白色，后渐变赭沟，有分叉和横脉，窄，延生。菌柄：圆柱形，色较菌盖浅，肉质，光滑，长2.5～5cm，粗10～25mm，基部有绒毛。孢子：无色，球形，4～5μm，稍粗糙。

七、肉色香蘑

（一）概述

肉色香蘑（*Lepista irina*），又称秋银盘。样本采集于山西省吕梁市宁武县芦芽山桦林沟混交林内地上。肉色香蘑见图2-9。

（二）形态特征

菌盖：宽5～13cm，扁半球形至近平展，表面平滑，干燥，早期边缘絮状且内卷，带白色或肉色至暗黄白色。菌肉：较厚，白色至带淡粉色。菌褶：白色至淡粉色，稠密或较密，直生到延生。菌柄：长4～8cm，粗1.0～2.5cm，与菌盖同色，表面纤维状，中实，上部粉粒状，下部多弯曲，孢子：无色，椭圆形至宽椭圆形，粗糙至近平滑，（7.0～10.2）μm×（4.0～5.0）μm。孢子印粉红色至淡黄色。

八、黄毒蝇鹅膏菌

（一）概述

黄毒蝇鹅膏菌（*Amanita flaxoconia*），样本采集于山西省晋城市阳城县中条山段混交林地表落叶层，单生、散生。黄毒蝇鹅膏菌见图 2-10。

（二）形态特征

菌盖：直径 4cm，深黄色，边缘白色，不黏，斗笠形，边缘具短条纹。菌肉：白色，较薄。菌褶：宽 1mm，浅黄色，密度中。菌柄：长 9cm、粗 0.5cm、浅黄色、棒状。菌托：苞状、不消失。

（三）营养价值

有毒，不可食用，含有毒蝇鹅膏菌毒素。

九、大红菇

（一）概述

大红菇（*Russula alutacea*），样本采集于山西省晋城市阳城县中条山针叶林中地上，单生，属树木外生菌根菌。大红菇见图 2-11 和图 2-12。

（二）形态特征

菌盖：直径 3cm，红色，初期呈扁半球形，后平展而中部下凹，不黏，边缘平滑完整无条纹。菌肉：白色，稍厚。菌褶：宽 1mm，初为乳白色，后渐变为淡黄色，密度中，等长。菌柄：长 3cm、粗 0.4cm、白色、圆柱形，常于上部带粉红色而向下渐淡，实心而松软。

（三）营养价值

可食用、可药用，是山西省著名中成药“舒筋散”配方之一，可治疗腰腿疼痛、手足麻木、筋骨不适、四肢抽搐等病症。

十、疣孢黄枝瑚菌

（一）概述

疣孢黄枝瑚菌［*Ramaria flava*（Schaeff.Fr.）Quel.］，样本采集于山西省晋城市阳城县中条山混交林腐枝落叶层，单生、群生、丛生。

（二）形态特征

菌盖：直径 4～14cm，扁半球形至肾形，表面光滑，灰白色至黄色，边缘平滑或稍呈波状。菌肉：白色，靠近基部稍厚。菌褶：呈白色，稍密，延生，不等长。菌柄：白色有绒毛，后期近光滑，内部实心至松软。

（三）营养价值

可食用，味较好。有记载有毒，食用后可能会引起呕吐、腹痛、腹泻等中毒反应，采食时应特别注意。据报道，抗癌试验对小白鼠肉瘤和艾氏癌的抑制率均达 60%。

十一、深凹杯伞

（一）概述

深凹杯伞（*Clitocybe gibba*），样本采集于山西省吕梁市宁武县芦芽山松树林内地上，单生、散生。深凹杯伞见图 2–13。

（二）形态特征

菌盖：直径 1.5 ~ 3.8cm，淡粉色，边缘整齐，中部深粉。菌肉：淡黄色至褐色。菌褶：白色，延生，边缘分叉而较密。菌柄：长 5 ~ 8.5cm、粗 0.7 ~ 1cm、白色、空心。

（三）营养价值

可食用。

十二、绒柄小皮伞

（一）概述

绒柄小皮伞（*Marasmius confluens*），样本采集于山西省忻州市宁武县管涔山混交林林地上，丛生。绒柄小皮伞见图 2–14。

（二）形态特征

菌盖：直径 0.5 ~ 1cm、黄白色、半球形，湿润时有短条纹。菌肉：很薄，同盖色。菌柄：长 2 ~ 6cm，圆柱形，中空，脆骨质。

（三）营养价值

可食用，味一般。

十三、白毒鹅膏菌

（一）概述

白毒鹅膏菌（*Amanita verna*），样本采集于山西省忻州市宁武县管涔山针叶林中地上，单生，散生。白毒鹅膏菌见图 2–15。

（二）形态特征

菌盖：直径 2.8～8cm、钟形，表面呈纯白色，无条纹。菌肉：白色、褐色、味道浓、气味厚。菌褶：离生，稍密不等长。菌柄：长 4～10cm、粗 1.5～2cm、纺锤状，内实或松软。菌托：肥厚。

（三）营养价值

不可食，有剧毒。毒素为毒肽和毒伞肽，中毒症状以肝损害型为主，死亡率高。

十四、盘状桂花耳

（一）概述

盘状桂花耳（*Dacryopinax spathularia*），样本采集于山西省忻州市宁武县管涔山针叶林立木上，单生。盘状桂花耳见图 2-16。

（二）形态特征

子实体较小，形成初期呈小球或浅盘状，后渐扩展成形状不规则的底部平伏、上部呈花瓣形的掌状，直径 3～7cm，高 2～5cm，整体呈鲜艳的橘黄色。菌肉胶质，光滑有弹性。

（三）营养价值

可食用，菌肉呈胶质，干制后再泡发食用，口感更好。

十五、金黄硬皮马勃

（一）概述

金黄硬皮马勃［*Scleroderma aurantium*（Vaill.）Pers.］，样本采集于山西省忻州市宁武县管涔山针叶林内地表，单生。金黄硬皮马勃见图 2-17。

（二）形态特征

子实体较小，呈扁圆形或近球形，黄色或近金黄色，直径 3～8cm。外包被表面初期有易脱落的小疣，后渐平滑，形成龟裂状鳞片，皮层厚。内部孢体初期呈灰紫色，后呈黑紫色。孢子丝有锁状联合。

（三）营养价值

幼时可食用，含有微毒，食用后易引起肠胃炎，慎食。可药用，子实体老熟干后可入药，有消炎作用。

十六、黏锈耳

（一）概述

黏锈耳（*Crepidotus mollis*），样本采集于山西省忻州市宁武县管涔山针叶林中腐木、立木上，单生或散生。黏锈耳见图 2-18。

（二）形态特征

子实体小，菌盖直径 5.5 ~ 12.5cm，黄白色，边缘光滑，呈扁平半圆形、扇形。菌肉呈白色，薄。菌褶从基部放射状生出，不等长，基部较稀疏，边缘密。无菌柄。

（三）营养价值

毒性不明，当地群众不采食。

十七、褐皮马勃

（一）概述

褐皮马勃（*Lycoperdon fuseum*），样本采集于山西省忻州市宁武县管涔山针叶林内地表，单生或群生。褐皮马勃见图 2-19 和图 2-20。

（二）形态特征

子实体较小，高 3 ~ 5cm，直径 2 ~ 5cm，梨形至陀螺形，不孕基部短。包被有两层，外包被由密集的棕褐色小刺组成，易脱落，内包为膜质，浅褐色。孢子近球形，稍粗糙，直径为 4 ~ 5μm，具短柄，易脱落。

（三）营养价值

幼嫩时可食用。

十八、皱盖乳菇

（一）概述

皱盖乳菇（*Lactarius corrugis*），样本采集于山西省忻州市宁武县大石洞管涔山针叶林地表，散生。皱盖乳菇见图 2-21。

（二）形态特征

子实体稍小，菌盖直径为 3 ~ 15cm，边缘内卷或微上翘，呈暗橙黄色。菌肉呈淡黄色，较厚。菌褶直生至近延生，淡黄色，密，不等长。菌柄为柱形，短粗，长 3 ~ 6cm，基部稍变细，内部松软。

（三）营养价值

可食用，肉质鲜美。

十九、杨树口蘑

（一）概述

杨树口蘑（*Tricholoma populinum*），样本采集于山西省太原市娄烦县云顶山杨树林内林地上，散生或群生。杨树口蘑见图 2-22。

（二）形态特征

子实体较大。菌盖直径 4cm，浅褐色，黏，半球形边缘无条纹。菌肉白色，肉厚。菌柄长 3cm、粗 1.5cm，白色，肉质。基部较粗稍弯曲。内实至松软。

（三）营养价值

可食用，烘干后香味浓郁，营养价值高。可药用，研究表明，经常食用对过敏性血管炎有辅助治疗作用。

二十、无柄地星

（一）概述

无柄地星（*Geastrum sessile*），样本采集于山西省太原市娄烦县云顶山混交林内地上腐枝落叶层，单生或散生。无柄地星见图 2-23。

（二）形态特征

子实体在初期半生于土中，直径 3cm，深棕灰色，近椭圆形。子实体生长后期外包被从顶部中央开裂，裂为 8 ~ 9 片尖瓣，向下反卷，呈星芒状，内部深蛋壳色。

（三）营养价值

子实体可药用，有消肿、止血的功效，有研究表明，还有清肺、解毒的作用。孢子粉可用于外伤止血。

二十一、黄伞

（一）概述

黄伞（*Pholiota adiposa*），样本采集于山西省太原市娄烦县云顶山混交林内地上腐枝落叶层，单生或丛生，属寄生木腐菌。黄伞见图 2-24。

（二）形态特征

子实体中等大小，菌盖直径 3cm，金黄色，黏，有褐红色平状鳞片。菌肉呈淡黄色。菌褶直生，密。菌环淡黄色。菌柄柱形，长 5 ~ 12cm，粗 1 ~ 2cm，稍黏，下部稍弯曲。

（三）营养价值

可食用，肉质鲜美。研究表明，菌盖上的黏液为一种核酸物质，对人体精力、脑力恢复有良好的作用。

二十二、毛囊附毛菌

（一）概述

毛囊附毛菌（*Trichaptum byssogenum*），样本采集于山西省太原市娄烦县云顶山混交林内枯树干上，属木腐菌，单生。毛囊附毛菌见图 2-25。

（二）形态特征

子实体较小，初期呈半圆形，后呈贝壳形，菌盖直径 6cm，黄褐色，黏，半球形，后呈贝壳状。边缘波浪状，内卷。菌肉呈灰褐色，具同心环棱。菌肉呈灰褐色，菌管孔表面初呈灰褐色，后呈棕色带黄色。

（三）营养价值

不可食，木革质。可药用，据报道，有抗癌功效，对小白鼠瘤 180 和艾氏癌的抑制率为 70%。

二十三、浅橙红乳菇

（一）概述

浅橙红乳菇（*Lactarius akahatus*），样本采集于山西省太原市娄烦县云顶山混交林内腐枝落叶层，单生。浅橙红乳菇见图 2-26。

（二）形态特征

子实体中等大小，菌盖直径 8cm，浅橙红色，漏斗形，颜色不均匀。菌肉呈黄色，较厚。菌柄长 5cm，圆柱形，内部有髓，松软至空心。

（三）营养价值

可食用，肉质口感一般。

二十四、栎疣柄牛肝菌

（一）概述

栎疣柄牛肝菌（*Leccinum quercinum*），样本采集于山西省太原市娄烦县云顶山混交林内腐枝落叶层，单生。栎疣柄牛肝菌见图 2–27。

（二）形态特征

子实体中等大小，菌盖直径 10cm，浅褐色，半球形，粗糙，干，不黏。菌肉白色，菌管弯生，白色或浅褐色。菌柄长 8cm、粗 1.5cm。基部膨大，稍弯曲，白色，密布褐色小疣，实心。

（三）营养价值

可食用。含有多酚物质，牛肝菌多糖，肽类、碱性蛋白。抗氧化，对 DPPH 自由基、ABTS 自由基和羟基自由基都具有很好的清除能力，该清除能力与多酚浓度呈现出很好的剂量相关性，具有很好的铁离子还原能力；抗肿瘤；抑菌。

二十五、青黄蜡伞

（一）概述

青黄蜡伞（*Hygrophorus hypothejus*），样本采集于山西省忻州市宁武县管涔山针叶林地表，散生。青黄蜡伞见图 2–28。

（二）形态特征

子实体小，菌盖直径 3 ~ 5cm、黑褐色、形状平展。边缘呈波浪状，表面蜡质，光滑，黄褐色，菌肉薄。菌褶密度稀，不等长，初期为近白色，后期呈浅褐色。菌柄长 4 ~ 7cm、褐色。

（三）营养价值

可食用，烘干后味道浓郁。

二十六、浅黄丝盖伞

（一）概述

浅黄丝盖伞（*Inocybe fastigiata*），样本采集于山西省忻州市宁武县管涔山针叶林地表，单生或散生。浅黄丝盖伞见图 2-29。

（二）形态特征

子实体小，菌盖直径 2～5cm，白色，初期呈圆锥形，后期呈斗笠形，丝光，顶部单黄褐色、尖凸，边缘色浅，有撕裂。菌肉白色，薄。菌柄长 2～4cm、褐色，弯曲，向下逐渐变粗，内部松软。

（三）营养价值

不可食用，有毒。

二十七、淡紫红菇

（一）概述

淡紫红菇（*Russula lilacea* Quel.），样本采集于山西省忻州市宁武县管涔山针叶林地表，单生或散生。淡紫红菇见图 2-30。

（二）形态特征

子实体中等大小，菌盖直径 3～7cm、淡红色、边缘光滑、半球形、边缘无条纹、丝光，中部有小颗粒或绒状物。菌肉白色。菌褶有分叉及横脉，直生。菌柄长 3～6cm、棒状、空心。

（三）营养价值

可食用也可药用，据报道对小白鼠肉瘤 180 的抑制率为 60%，对艾氏癌的抑制率为 70%。

二十八、云杉乳菇

（一）概述

云杉乳菇（*Infundibulicybe gibba*），样本采集于山西省忻州市宁武县管涔山马家庄混交林内，单生或散生。云杉乳菇见图 2-31。

（二）形态特征

子实体中等大小。菌盖直径 5～8cm，中间下凹呈漏斗状。橙红色至黄色，表层有白色绒毛。菌肉白色，味微苦。菌褶直生至延生，较密，黄色。菌柄较粗，长 2～5cm，与菌盖同色，内部空，松软。

（三）营养价值

食毒不明，当地群众不采食。

二十九、毛头乳菇

（一）概述

毛头乳菇（*Lactarius torminosus*），样本采集于山西省忻州市宁武县管涔山落叶松桦木混交林草地上，单生或散生。毛头乳菇见图 2–32。

（二）形态特征

子实体中等大小。菌盖直径为 3～8cm，中间下凹呈漏斗状，边缘内卷，呈黄色至土黄色。菌肉白色，味微苦。菌褶直生至延生，后期呈黄色至锈色。菌柄长 5～8cm，柱形，与菌盖同色，内部松软。

（三）营养价值

不可食用，有毒，含有胃肠道刺激物，食用后易引起肠炎。

三十、松乳菇

（一）概述

松乳菇（*Lactarius deliciosus*），样本采集于山西省忻州市宁武县管涔山郝家沟油松林草地上，单生或群生。此菌是外生菌根菌，可与松杉、高山马尾松形成菌根。松乳菇见图 2–33。

（二）形态特征

子实体较大。菌盖直径 5～15cm，中部下凹，边缘伸展后内卷，有明显的同心环带，呈橙黄色至橙红色。菌肉淡黄色。菌褶直生或延生，呈深黄色，稍密。菌柄长 3～6cm，近柱形，内部松软。

（三）营养价值

可食用，肉质鲜美。也可药用，有健脾胃、止痛、抗癌的功效。子实体含橡胶物质。

三十一、梨形马勃

（一）概述

梨形马勃（*Lycoperdon pyriforme*），样本采集于山西省吕梁市吕梁山落叶松和桦树林草地上，单生、群生或丛生。梨形马勃见图 2–34。

（二）形态特征

子实体较小，高 1 ~ 4cm，上部呈扁球形，向下渐细，如梨形。初期包被颜色较淡，后期颜色加深，呈浅褐色，包被有颗粒状小疣，成熟后顶部裂开一个圆形小口。

（三）营养价值

幼时可食用。可药用，有止血功效。

三十二、白鬼笔

（一）概述

白鬼笔（*Phallus impudicus*），样本采集于山西省吕梁市吕梁山辽东栎和油松林草地上，单生、散生或群生。白鬼笔见图 2–35。

（二）形态特征

子实体较小，地上或半埋于地下，直径 1 ~ 3cm，粉白至粉红色。包被成熟后顶部开裂成菌托，担子果伸出呈毛笔形状。菌柄白色，海绵状，近圆筒形，弯曲。菌盖钟状，外表面覆网状，有深色黏液。

（三）营养价值

可药用，有活血止痛、除湿气的功效。

三十三、蛇头菌

（一）概述

蛇头菌（*Mutinus caninus*），样本采集于山西省吕梁市吕梁山油松和辽东栎混交林草地上，单生、散生或群生。蛇头菌见图 2–36。

（二）形态特征

子实体较小，呈细长状。包被成熟后从顶部裂开形成菌托，担子果伸出呈毛笔状，菌盖呈红色，表面光滑有小疣，向下逐渐变为白色，上面有暗绿色黏液，有臭味。

（三）营养价值

不可食，有毒。

三十四、洁小菇

（一）概述

洁小菇（*Mycena prua*），样本采集于山西省忻州市宁武县管涔山落叶松和云杉林内，群生。洁小菇见图 2-37。

（二）形态特征

子实体较小。菌盖直径为 2～5cm，初期呈扁球形，后延展呈伞状，边缘易断裂，菌盖中部呈现淡紫色至紫褐色，光滑、湿润。菌肉淡紫色，薄。菌褶初期为白色，后逐渐变为淡紫色，稍密，直生或弯生，不等长。菌柄近圆柱形，长 3～5cm，光滑，空心，具绒毛。

（三）营养价值

可食用，有明显的萝卜气味。可药用，有抗癌功效。

三十五、红鳞口蘑

（一）概述

红鳞口蘑（*Tricholoma vaccinum*），样本采集于山西省吕梁市吕梁山落叶松和桦树林内，单生或散生。

（二）形态特征

子实体中等大小。菌盖直径为 3～8cm，初期近钟形，后期中部下凹，呈棕褐色，表面被红褐色至深褐色毛状鳞片，干燥呈现龟裂状。菌肉白色，稍厚。菌褶初期为白色，后逐渐变为黄褐色，稀，不等长。菌柄长 3～6cm，呈黄褐色，有颗粒状鳞片，内部松软。

（三）营养价值

可食用也可药用，据研究表明有抗癌的功效。

三十六、硫磺菌

（一）概述

硫磺菌（*Laetiporus sulphureus*）样本采集于山西省忻州市宁武县管涔山落叶松、云杉和桦树林树桩上，簇生，木腐菌。

（二）形态特征

子实体较大。菌盖宽 15～25cm，呈覆瓦状排列，干后轻、质脆。表面呈黄色至橙黄色，被有细绒，边缘易破碎，波浪状至瓣状。菌肉乳白色，无菌柄。

（三）营养价值

幼时可食用。此菌产生齿孔菌酸（eburicoic acid）可用于合成甾体药物（类固醇化合物），是治疗爱迪森氏病等内分泌疾病的重要药物；抗肿瘤。

第三节　部分苔蘑基因序列

一、大白桩菇

双向测序拼接结果：

TGGCTCTTTGGAGCATGTGCACATGTGCTTTTGTTCTTTTCCACCTGTGCACCCATTGTA
GATCTTGGATACCTCTCGAGGAAACTCGGTTTGAGAGTTGCTGGTCTCTTTTTGAAATCAGCT
TCTCTTATATTTCTGGTCTATCTTTTCATATACCCTATAGTATGTTTTAGAATGTTTATAATGG
GCTTGGTTGCCTTTAACATTAATACAACTTTCAACAACGGATCTCTTGGCTCTCGCATCGATG
AAGAACGCAGCGAAATGCGATAAGTAATGTGAATTGCAGAATTCAGTGAATCATCGAATCT
TTGAACGCACCTTGCGCTCCTTGGTATTCCGAGGAGCATGCCTGTTTGAGTGTCATTAAATTC
TCAACCTCTCTAACTTTGACCAAGTTGGTTAGGTTTGGATTGTGGGGGTTGCTGGCT

二、紫丁香蘑

双向测序拼接结果：

TTATTGAATAAACTTCGGTTGGGTTTGTGCTGGCTTTTTGGAGCATGTGCACGCCTAGCG
CCATTTTTTACCACCTGTGCACCTTTTGTAGATTTGAAACAACTCTCGAGGAAACTCGGTTTG
AGGAATGCTGTGTGCAAACATGGCTTTCCTTGTGTTTCAAGTCTATGTTTTTATTATACCCCAT
AAGAATGTAATAGAATGTTATTAATGGGCTTTATGCCTTTAAATTAATACAACTTTCAACAAC
GGATCTCTTGGCTCTCGCATCGATGAAGAACGCAGCGAAATGCGATAAGTAATGTGAATTGC
AGAATTCAGTGAATCATCGAATCTTTGAACGCACCTTGCGCTCCTTGGTATTCCGAGGAGCA
TGCCTGTTTGAGTGTCATTAAATTCTCAACCTTTTCAGCTTTTGCAAGTTGGATTGGCTTGGAT
GTGGAGGTTATTGCGGGCTTCTCTAGAAGTCGGCTCCTCTTAAATGCATTAGCGGAACCTTTG

TGGACCAGCTTTTGGTGTGATAATTATCTACGCCATGGTTGTGAAGCAGCTTTAACATGGGGTTCAGCTTCTAACAGTCCATTGACTTGGACAAATTTATGACATTTTTGACCTCAAATCAGGTAGGACTACCCGCTGAAC

三、肉色杯伞

双向测序拼接结果：

TGGCCCTTTGGGGCATGTGCACGCTTGCTCTCATTTAACCACCTGTGCACATATTGTAGACTTGGGATGATCTTCAAGCTTTCATTAGCTTGGTTTGAGGAATTGCCTTATTGGCTTTCCTTGTATTCCTAGTCTATGTTTTCATATACCCCAATGTATGTTAATAGAATGTTATTAATGGGCCGTTAAAAGCCTTTAAAATTAATACAACTTTCAACAACGGATCTCTTGGCTCTCGCATCGATGAAGAACGCAGCGAAATGCGATAAGTAATGTGAATTGCAGAATTCAGTGAATCATCGAATCTTTGAACGCACCTTGCGCTCCTTGGTATTCCGAGGAGCATGCCTGTTTGAGTGTCATTAAATTCTCAACCACTTCAGTTTGTTTACCAATTTGAATTGGCTTGGATATGGGAGTTGCGGGCTTCTAAG

四、虎皮银盘

虎皮银盘学名 *Clitopaxillus fibulatus*，又名大把子。

双向测序拼接结果：

TGTAGCTGGCTCTTTGGAGCATGTGCACATGTGCTTTTGTTCTTTTCCACCTGTGCACCCATTGTAGATCTTGGATACCTCTCGAGGAAACTCGGTTTGAGAGTTGCTGGTCTCTTTTTGAAATCAGCTTCTCTTATATTTCTGGTCTATCTTTTCATATACCCTATAGTATGTTTTAGAATGTTTATAATGGGCTTGGTTGCCTTTAACATTAATACAACTTTCAACAACGGATCTCTTGGCTCTCGCATCGATGAAGAACGCAGCGAAATGCGATAAGTAATGTGAATTGCAGAATTCAGTGAATCATCGAATCTTTGAACGCACCTTGCGCTCCTTGGTATTCCGAGGAGCATGCCTGTTTGAGTGTCATTAAATTCTCAACCTCTCTAACTTTGACCAAGTTGGTTAGGTTTGGATTGTGGGGGTTGCTGGCTTTTCATAG

五、杨树口蘑

双向测序拼接结果：

TGCTGGCTCTTTGGGGCATGTGCACGCCTAACACCAATCTTCTTACCACCTGTGCACCTTTTGTAGATCTGGATATCTCTCGAGGAAACTCGGTATGAGGACTGCTGCGCGTCAAAAGCCGGCTTTCCTTACATTTCCGGTCTATGTCTTTATATACACCATTTGTATGTCTAAGAATGTTATTAT

TATCGGACTTGACTGTCCAAATAAACCTTATACAACTTTCAACAACGGATCTCTTGGCTCTCG
CATCGATGAAGAACGCAGCGAAATGCGATAAGTAATGTGAATTGCAGAATTCAGTGAATCA
TCGAATCTTTGAACGCACCTTGCGCTCCTTGGTATTCCGAGGAGCATGCCTGTTTGAGTGTCA
TGAAATTCTCAACCTTTTTGTCTTTTCCTTAAAGTCGATCAGGCTTGGATGTGGGAGTTTGCG
GGCTTTTCTAAAGTCGGCTCTCCTTAAATTTATTAGTAGGGACCTCTGTTGCC

六、紫银盘

紫银盘学名 *Clitocybe nebularis*。

双向测序拼接结果：

TGGCCTCTCGGGGCATGTGCACGCCTACCGCCATTTTTACCACCTGTGCACCTTTTGTAG
ACCTGGATATCTCTCGAGGAAACTCGGTTTGAGGACTGCTGTGCGTAAGCCAGCTTTCCTTGC
ATTTCCGGTCTATGTTTTCATATACCCCATTAGAATGTTATAGAATGTCATTAATGGGCTTCA
TTGCCTTTAAAATTAATACAACTTTCAACAACGGATCTCTTGGCTCTCGCATCGATGAAGAAC
GCAGCGAAATGCGATAAGTAATGTGAATTGCAGAATTCAGTGAATCATCGAATCTTTGAACG
CACCTTGCGCTCCTTGGTATTCCGAGGAGCATGCCTGTTTGAGTGTCATTAAATTCTCAACCT
TTCCAGTTTGTTATGAACGGGTCAGGCTTGGATGTGGGGGTTGCAGGCTTCTCAGAAGTCAG
CTCC

七、粉紫香蘑

双向测序拼接结果：

ACCTGCGGAAGGATCATTATTGAATAAACTTGGTTGGGTTGTTGCTGGCTTTTCGGAGC
ATGTGCACACCTAGCACCATTTTTACCACCTGTGCACATTTTGTAGACTTGAAACACCTCTTG
GGGAAACTCAGTTTGAGGAATGCCCTTAGTGGCTTTCCTTGCGTCTCAAGTCTATGTTTTTTA
TATACCCCATAAGAATGCAATAGAATGTCATTAATGGGCTTATGCCTTTAAATTAATACAAC
TTTCAACAACGGATCTCTTGGCTCTCGCATCGATGAAGAACGCAGCGAAATGCGATAAGTAA
TGTGAATTGCAGAATTCAGTGAATCATCGAATCTTTGAACGCACCTTGCGCTCCTTGGTATTC
CGAGGAGCATGCCTGTTTGAGTGTCATTAAATTCTCAACCATTTCAGTTTTTACAAGTTGAAT
TGGCTTGGATGTGGAGGTTTTTGCGGGCTTCTCAGAAGTCGGCTCCTCTTAAATGCATTAGCA
GAACCTTTGTGGACCAGCTTTTGGTGTGATAATTATCTACGCCATGGTTGTGAAGCAGCTATT
AACATGGGGTTCAGCTTCTAATAGTCCATTGACTTGGACAATTTCTGACATTTTGACCTCAAA
TCAGGTAGGACTACCCGCTGAACTTAAGCATATCAATA

八、肉色香蘑

双向测序拼接结果：

AAGTCGTAACAAGGTTTCCGTAGGTGAACCTGCGGAAGGATCATTATTGAATAAACTTGGTCGGGTTGCTGCTGGCTTTCGGAGCATGTGCACGCCTGCCACCATTTTACCACCTGTGCACTCTTTGTAGATCTAGAATATCTCTCGAGGAAACTCGGTTTGAGAGATGCTGTGCGCAAGCCAGCTTCTCTTGCATTCTAGGTCTATGTATTTATTATACCCCATACTATATTTCAGAATGTCATTAATGGGCCTTGTGCCTTTAAATTAATACAACTTTCAACAACGGATCTCTTGGCTCTCGCATCGATGAAGAACGCAGCGAAATGCGATAAGTAATGTGAATTGCAGAATTCAGTGAATCATCGAATCTTTGAACGCACCTTGCGCTCCTTGGTATTCCGAGGAGCATGCCTGTTTGAGTGTCATTAAATTCTCAACCTTTTCAGCTTTTGCAAGTTGAATTTGGCTTGGATGTGGAGGTTGCGGGCTTCTCAGAAGTCGGCTCTTCTTAAATGCATTAGCGGAACCTTTGTGGACCAGCTTTGGTGTGATAATTATCTACGCCACTGTTGTGAAACAGCTTTACATGGGGTTCAGCTTCTAACTGTCCATTGACTTGGACAATTTTTGACATTTTGACCTCAAATCAGGTAGGACTACCCGCTGAACTTAA

九、厚环乳牛肝菌

厚环乳牛肝菌学名 *Suillus grevillei*。

双向测序拼接结果：

AAGGATCATTATCGAATTATAATCCGGCGAGGGGAAAGGGGGGAGCTGTCGCTGGCCTTTTACCGGGCATGTGCACGCTCTCCTTGGAACCTTTGCCTTATGGGCGTGGGGCGACCCGCGTCTTCATATACCCCTTCGTGTAGAAAGTCTTTGAATGTTTATATTATCATCGAGCCGCGACTTCTAGGAGACGTGGTTCTTTGAGACAAAAGTTATTACAACTTTCAGCAATGGATCTCTTGGCTCTCGCATCGATGAAGAACGCAGCGAATCGCGATATGTAATGTGAATTGCAGATCTACAGTGAATCATCGAATCTTTGAACGCACCTTGCGCTCCTCGGTGTTCCGAGGAGCATGCCTGTTTGAGCGTCAGTAAATTCTCAACCCCTCTCGATTTGCTTCGAAAGGGTGCTTGGATAGTGGGGGCTGCCGGAGATCTGGACTTCTCGTCTAGGACTCGGGCTCTCCTGAAATGAATGGGCCTGCGGTCGACTTTCGACTATGCATGACAAGGCTTTTGGCGTGATAATGATCGCCGCTCGCTGAAGTGCATGAATGAATGGTCCCGTGCCTCTAATGTGTCGATGCCTTCTGGCGTCTTCCTTATTGACTTTTGACCTCAAATCAGGTAGGACTACCCGCTNNACTTAA

十、大红菇

双向测序拼接结果：

GATCATTATCGTACAACCGAGGCGCAAGGGCTGTCGCTGACCCTTYAAAAGGGTTGTGC

ACGCTCGAGCGCGCTCTCACACAATCCATCTCACCCATTTGTGCATCACCGCGAGGGTCCAG
TGGCTGTAATGGCCCCAAGGTGGGAATGCGAGGCGATGTTCTCCCTCAACGGAGTCACGTGC
TTGTGCGCCGAGTTCAAGACTGTCCCCTCCAGAAAACTTTGGTGTCCATAGTCCCTCGCAGCG
TAGGCTGTGGCCGGATTTGGAGTAATCAGCCCTTGTCTAGCCAGGGAAGAAATTCCGCAGCT
AGCAGGACTCACCGAGTTAGTCTTAGGAGATCAGGGCACGTCATCTGTCGCGCGGTGCGCC
GTGTCCCTCGTAGACCTTCATACCTCGCGTTTTCATATAAAACTTTTGATACAATGTAGAATG
TTATTTTACCTTTTGCGGTCACACGCAATCAATACAACTTTCAACAACGGATCTCTTGGCTCT
CGCATCGATGAAGAACGCAGCGAAATGCGATACGTAATGTGAATTGCAGAATTCAGTGAAT
CATCGAATCTTTGAACGCACCTTGCGCCCCTTGGCATTCCGAGGGGCACACCCGTTTGAGTGT
CGTGAAATCATCAAAAACCTGTTTCTTTGATCCTTTCTGGTCGGGAAAATGGATTTTGGACT
TGGAGGTTCCATGCTCGCTTTTGCTTTCAAAAGTGAGCTCCTCTCAAATGAATTAGTGGGGTC
CGCTTTGCCGATCCTTGACGTGATAAGATGTTTCTACGTTTTGGATTTAGCACTGTCTTTTGGA
CGCCTGCTCCTAACCGTCTCATGGACAAATGATGGTGCTCCGGTCACCGCCATCTACATTGGC
GGGAGGCTGGACCCACAAAAAGAAAACC

十一、绒柄小皮伞

双向测序拼接结果：

TTGTAAAGGGGAGTTGAGCTGGTCCTTATAGGGCATYGTGCTCACTCTTCTTTCAATCTT
CATCCACCTGTGCACCTTTTGTAGAAATGACCCTTAGAAAGCAAGGTTCCTTTAGTTAGGTCC
TTGTAAGTATTGGGGCCCTTTCTATGTCTTATAAACTCTAAATGTATGTCATTGAATGTCTTTT
ATAAGGGACGTAGTTGTTCCTTTTAAAAACTATACAACTTTCAGCAACGGATCTCTTGGCTCT
CGCATCGATGAAGAACGCAGCGAAATGCGATAAGTAATGTGAATTGCAGAATTCAGTGAAT
CATCGAATCTTTGAACGCACCTTGCGCCTCTTGGTATTCCGAGAGGCATGCCTGTTTGAGCGT
CATTAAATTCTCAACCTCAAAAAGCTTTGTGTTTTCTGAGGCTTGGATGTGGGGTTGCAGGC
TCTACTAGAGTCAGCTCTCCTTAAATGCATTAGTGGAAACTGTTTGTAACCCACATTGGTGTG
ATAATTATCAGCGCTATTGTGGCTACAAGCTCACGCAGTGTTCGTTTGGGAAGTGCATTCGTG
CTCTTTCTGWTCTTTTTGACCTGCGTCGAGTTAGTATCTGCTTCAAACCGTCCTTTATTGGACA
ATTTTGACTATTTTGGCCTCAAATCAGGTAGGACTACCCGCTGAACTTAAGCATATCAATAA
GCGGAGGAAAAGAAACTAACAAGGATTCCCCTAGTAACTGCGAGTGAAGAGGAAAAGCT
CAAATTTAAAATCTGRSAGCTTCGCTGTCCGAGT

十二、盘状桂花耳

双向测序拼接结果：

CCCTAGTAACTGCGAGTGAAGCGGGAAAAGCTCAAATTTAAAATCCCTTCTGGGAGTTGTAATCTAGAGACGTGTTTTCGGTCGTTGCCTCGGACAAGTCCCTTGGAATAGGGCGTCATAGAGGGTGAGAATCCCGTACTTGCCGAGCTCCCAATGACTATGTGATACACGTTCGAAGAGTCGAGTTGTTTGGGAATGCAGCTCAAAATGGGTGGTAAACTCCATCTAAAGCTAAATATTGGCGAGAGACCGATAGCGAACAAGTACCGTGAGGGAAAGATGAAAAGCACTTTGGAAAGAGAGTTAAACAGTACGTGAAATTGTTGAAAGGGAAGCGCTTGAAGTCAGTCGCGTTGCAGGGACTCAGCCGTCAAGGTGCATTTCTCTGCAACGGGTCAACATCAATTTCGGCCGCGGGAAAAGGGCTTGGGGAATGTGGCAGCTTCGGCTGTGTTATAGCCTCTTGTCGTACACCGCGGCCGGGATTGAGGACTGCT

十三、金黄硬皮马勃

双向测序拼接结果：

CATTATCGAAACCCGAACGTCCGAGAGGGGAAACCCCCCCTTCCGGCTTTCGAACCCTTTCAACACCCTTGTGCACTCGCTGTAGGTCCCTCGGATCTACGTCTCCCTTCGAACTCGCATGTCTACAGAATGTATGCCTCGCGTCTCGGCCTCGACCCCCAGGGTCCCGCGTCGAAGACCGTGAAATCAATACAACTTTCAGCAACGGATCTCTTGGCTCTCGCATCGATGAAGAACGCAGCGAATCGCGATAAGTAATGTGAATTGCAGATTTTCCGTGAATCATCGAATCTTTGAACGCACCTTGCGCTCCTCGGTATTCCGAGGAGCATGCCTGTTCGAGTGTCATCGAAATCTCGAATCGAAGCTTGGACCTGGTCCGAGCTTCGTTCGGACAGTGGGAGTCTGCGGGCGAGCCTCGCTACGTCCGCTCTCCTCAAAAGCATTAGCCGTGGACGCCAGCCTTGCATGGCACGGCCTCTTCGACGTCGTAATGATCGTCGCGGGCTGGAAGTGCGAGGCGGGGACCGACCACGCTTCCCTAGACTTGCGAGCCCGTTCTCCTCGGGGAACGGCCGCGCCCCCATCGATGCTTGACCT

十四、尖顶地星

尖顶地星学名 *Geastrum triplex*。

双向测序拼接结果：

GAACCTGCGGAAGGATCATTAGTGAAGAAACAAGGGTTTTGAGACTGCGTCCTTCAATTGGGCGTGTGCTCGACTCTTACTCTTTCATATCCCATACACACCTTTGTGCACCAAGGGGACCCTTGTGTCCCCCCTTTTTTCATAAATACCGAGTTATATGCATGTATAGTTTGTATACTCTACGGAGTTATTATAAATACAACTTTCAACAACGGATCTCTTGGCTTTCGCATCGATGAAGAACGCAG

CGAACGTGCGAAACGTAATGTGAATTGCAGAATTCAGTGAATCATCGAATCTTTGAACGCAT
CTTGCGCTCCTTGGTATTCCGAGGAGCATGCCTGTTTGAGTGTCGTGAATAACTCTCAATTTC
AAATATTTTAGAATATCTGACATTGGACTTGGGCGTTGTCGTGTTTCTACGACTCGTCCTAAA
TGCATTAGCGATCTGCCCTGATCACACACAATGTGATAAGTAAAAAATAAAGCATTGTTATG
GTTGGGTTTGAAAGATGGCTTCTAATCGTCGTAATGACAAATAAAAGACCATGTCGTTTGAC
CTCAAATCAGGCAGGACTACCCGCTGAACTTAAGCATATCAATAAGCGGAGGAAAAGAAAC
TAACAAGGATTCCCCTAGTAACGGCAAGTGAAAAGGGAAAAGCTCAAATTTAAAATCTGGC
GGTCTACGGCCGTCCAAGTTGTAATCTAGAGAAGTGTTTTCCGCGCTGGACCGTGTACAAGT
CCTTTGGAACAAGGCGTCATAGAGGGTGAGAATCCCGTCTACAACACGGACTGCCAAGCGC
TTTGTGATACACTCTCAACGAGTCGAGTTGTTTGGGAATGCAGCTCAAAATGGGTGGTAAAT
TCCATCTAAAGCTAAATATTGGCGAAAGACCGATAGCGAACAAGTACCGTGAGGGAAAGA

十五、黄伞

双向测序拼接结果：

GATCGCATTGCCTATGTCGCCGCCTTCGCAGTCTCTGGATATGCACATACACGACATCG
GACCGGTCGCAAAGGCTTTAATCCTATGCTTGCAGAGACCTTCGAAGACATTCGCATGAAAT
TTATAGCAGAGAAAGTCCGCCATAATCCCCTAGAAATTGCGTATCACGCCGAAGGATCAAAT
TGGGAATTAAACTCTACGTCTTGTGGCAAAACAAAGTTCTGGGGGAAAAGTTTTGAAATAAT
ACCCCTGGGAATAACTACTTTAAAAATCGGAAGTGATACCTATGTTTGGAAGAAACCGTCCT
CCTTTATACGGAACCTCATGGTCGGCACCAAATATTTCGAACACACTGGGAAAATGGTTGTA
GAAAACACCACTAACCAGCATCGCTGTGTGCTTGACTTTAAGCAAAATGGATATTGGGGTGC
TATGAATGTAATCTCCGGGACGATTCATGACCACACTGGCGAGGTTGCCGGTCAGCTTGATG
GAAAATGGGACGACCAGATGTGCCAGATTGTCGATGCATCGCATTTGCACGTTCTCTGGAAN
GCAAATCCCTTTTCCCGAAGAATGGCGNCCTGGANTCATATGGGATTCACATTCCTAACGGG
CATCCCC

十六、云杉乳菇

双向测序拼接结果：

TTCCGTAGGTGAACCTGCGGAAGGATCATTATTGAATTAAACTGAAGTGAGTTGTTGCT
GGCCCTTTGGGGCATGTGCACGCTTGCTCTCATTTAAACCACCTGTGCACATATTGTAGACTT
GGAATGATCCTCAAGGCTTTCATTAGCTTTGGTTTGAGGAATTGCATTAGCTTTCCTTGTAAT
TCCTAGTCTACGTCTTCATATACCCCTAATGTATGTCTGTGAATGTTATTAATGGGCCGTTAA
AAAGCCTTTAAAATTAATACAACTTTCAACAACGGATCTCTTGGCTCTCGCATCGATGAAGA

ACGCAGCGAAATGCGATAAGTAATGTGAATTGCAGAATTCAGTGAATCATCGAATCTTTGAACGCACCTTGCGCTCCTTGGTATTCCGAGGAGCATGCCTGTTTGAGTGTCATTAAATTCTCAACCTCTTCAGTTTGTCTAACAAACTTGAATTGGCTTGGATATGGGAGTTGCGGGCTTCTAAGCAAGTCGGCTCTTCTTAAATGCATTAGCAGAACTTTTGTTGACCATCATTGGTATGATAATTATCTATGCCATTTCTGATGTGAAGCAGTTTATAATAAAGTTCAGCTTCTAACTGTCCATTGACTTGGACAATTTATTGACTATTTGACCTCAAATCAGGTAG

十七、蛇头菌

双向测序拼接结果：

GATCCCGTCTCTGACGCGGTTCGGCCGACGCGTTGCGATGCGCTCTCGAAGAGTCGAGTTGTTTGGGAATGCAGCTCAAAACGGGTGGTAAATTCCATCTAAAGCTAAATACCGGCGAAAGACCGATAGCGAACAAGTACCGTGAGGGAAAGATGAAAAGCACTTTGGAAAGAGAGTCAAACAGTACGTGAAATTGTTGAAAGGGAAACGCTTGAAGTCAGTCGCGTCTACCGGGACTCAGTCGCGCGCGCGCGCGACGCACTTCCCGCGTCAGGACGGGCCAGCGTCGATTTCGACCGTCGTAGGAAGCCGTCGGGAACGTGGCACCTCCGGGTGCGTTATAGCCCGACGGTAGGATACGCGACGGTGGGGATCGAGGGACGCAGCGCGCCCCTCCCAGGAGGGGCCGGGGTTCGCCCACGTAACGCGCTTAGGATGCTGGCTTAATGGCTTCAAGCGACCCGTCTTGAAACACGGACCAAGGAGTCTAACATGCTCGCGAGTGTTCGGGTGGAAAACCCGTGCGCGTAATGAAAGTGAAAGGTTGGGACCCTCCTCCTTCCGAGAGAGTGGGGCACCGACGCCCGGACTTGAGCTGTTGCGACGGTTCCGAGGCGGAGCGCGTATGTTGGGACCCGAAAGATGGTGAACTATGCCTGAGTAGGGCGAAGCCAGAGGAAACTCTGGTGGAGGCTCGTAGCGATTCTGACGTGCAAATCGATCGTCGAACTTGGTATAGGGGCGAAAGACTAATCGAACCGTCTAGTAGCTGGTTCCCGCCGAAGTTTCCCTCAGGATAGCAGAGACTCGAGCGCAGTTTTATGTGGTAAAGCGAATGATTAGGGGCCTTGGGGTCGAAACGACCTTAACCCATTCTCAAACTTTAAATATGTAAGAACGGGCCGTCGC

十八、硫磺菌

双向测序拼接结果：

CCCCTAGTAACTGCGAGTGAAGCGGAAAAGCTCAAATTTAAATCTGGCGGTCTTTGGCCGTCCGAGTTGTAGTCTGGAGAAGCGTCTTCTACCCGGACCGTGTACAAGTCCCTTGGAACGGGGCGTCATAGAGGGTGAGAATCCCGTCCATGACACGGACCGCCGGCGGTTTGTGATGCGCTCTCGAAGAGTCGAGTTGTTTGGGAATGCAGCTCAAACGGGTGGTA

第三章　食药用真菌功能性产品简介

第一节　功能果糖片系列

食用菌中含有丰富的真菌多糖、黄酮及萜类化合物，具有广泛的生物活性和功能，如增强免疫力、抗肿瘤、抗辐射、降血脂等。食用菌功能果糖片采用经食用菌提取出的多糖等功效成分，并以山西地区特色杂粮为辅料压制而成。经检测多糖含量在6%左右，其中β-葡聚糖为0.82%、总黄酮含量为1%、总三萜含量最高为9%，清除自由基能力达到了81%以上，有提高免疫力、平衡血糖的效果。适合各类人群长期服用，尤其是血糖高者。

一、食用菌降糖片系列1—蕈健Ⅰ号

配方：孔菌多糖、藜麦、沙棘、磷酸氢钙、微晶纤维素、硬脂酸镁、羧甲淀粉钠。

二、食用菌降糖片系列2—蕈健Ⅱ号

配方：孔菌多糖、脱皮藜麦、沙棘、磷酸氢钙、微晶纤维素、硬脂酸镁、羧甲淀粉钠。

三、食用菌降糖片系列3—蕈健Ⅲ号

配方：孔菌多糖、苦荞、沙棘、磷酸氢钙、微晶纤维素、硬脂酸镁、羧甲淀粉钠。

四、食用菌降糖片系列4—蕈健Ⅳ号

配方（口嚼片）：孔菌多糖、甘露醇、沙棘粉、阿巴斯甜、羟丙甲纤维素、硬脂酸镁、橘味香精。

第二节　冲剂系列

食用菌功能冲剂，能起到平衡血糖、提高机体免疫力等功效，可广泛适用于各年龄层次的人群，尤其是高血糖患者服用方便、安全，无毒副作用，药效明确，具有显著的推广应用前景。加温开水冲服。

配方（1）：食用菌、糊精、乳糖。

配方（2）：食用菌、甘露醇、乳糖。

第三节　口服液系列

食用菌口服液，功能成分为食用菌多糖，添加一定的辅料，口感独特，还能起到平衡血糖、提高机体免疫力等功效，且方便携带与服用。

配方：食用菌、甜菊糖苷。

第四节　胶囊系列

食用菌胶囊，功能成分为食用菌多糖，能起到平衡血糖、提高机体免疫力等功效，安全、无毒副作用，药效明确、具有显著的推广应用前景。温开水吞服。

配方（1）：菌粉、藜麦、沙棘果粉。

配方（2）：菌粉、苦荞、沙棘果粉。

配方（3）：菌粉、燕麦、沙棘果粉。

配方（4）：菌粉、去皮藜麦、沙棘果粉。

第五节　饮料系列

食用菌功能饮料是利用香菇、双孢蘑菇、蛹虫草、晋孔菌等食用菌作为主料，同时配入一些食药同源的中药材原料，将中药理论与现代科技制造工艺相结合，使食用菌功能成分转化为人体直接吸收的小分子物质，饮料口味纯正，易于人体吸收。

一、香菇暖茶功能饮料

来源：处方来源于经典名方《伤寒杂病论》。

处方：香菇、乌梅、桂枝、当归、人参、陈皮、姜、芡实、甘草、木糖醇。

功能：强营卫，以御祛外邪，补气血以升阳，健脾胃以益五脏，使后天后化有源，脾胃气虚诸证可自愈，五脏温熏，外抗寒湿风邪，内复五脏之阴阳升降，同时，增强体力，使身体保持充沛的原动力。

适宜人群：体内有寒气的人群、正常人群。

二、茶树菇功能茶饮料

来源：《圣济总录》。

处方：茶树菇、黄精、桑葚、枸杞。

功能：具有润肠通便、抗衰美颜的作用。

适宜人群：是高血压、心血管和肥胖症、糖尿病患者及爱美人士的理想饮料。

三、双孢蘑菇功能茶饮料

来源：经典名方《伤寒论》。

处方：双孢蘑菇、桑叶、菊花、薄荷、桔梗、大枣、甘草。

功能：本方具有辛凉解表、疏风清热、解毒利咽、清凉提神、消渴除疲的作用。

适宜人群：咽部不适、亚健康人群。

四、孔菌降糖饮料

处方：孔菌、人参、葛根、枸杞。

功能性成分：雁北嗜蓝孢孔菌是食用菌研究所科研人员首次在山西右玉地区沙棘树上发现的。经测定，该菌子实体含蛋白质 16.10%、粗多糖 2.14%、粗脂肪 1.02%、氨基酸 12.51%，还含有三萜类化合物、葡聚糖、黄酮等多种对人体有益的功能性成分。

适宜人群：血糖高者。

五、虫草花功能茶饮料

来源：《黄帝内经》。

处方：虫草花、黄精、姜、桂心、大枣。

功能：具有抗疲劳、美容颜、延年不老的作用。

适宜人群：脑力劳动者、亚健康人群、正常人群。

六、蚕蛹虫草功能茶饮料

来源：《悬解录》。

处方：蚕蛹虫草、枸杞、覆盆子、桑葚、莲子。

功能：以蚕蛹虫草为原料，经《黄帝内经》“君臣佐使”组方，由枸杞、覆盆子、桑葚等组方而成，通过生物技术，由浸提、生物澄清处理，杀菌后制成口感佳味道独特的复合型补肾茶饮料。具有滋阴补肾、强身健体的作用。

第六节　茶　系　列

以蛹虫草为主料，配入不同中药材，制作成食用菌固体茶饮料，口味独特、营养丰富、便于携带，还可以美容养颜、增强体质。

一、精杞虫草茶（男茶）

来源：经典名方《圣济总录》。

处方：黄精、桑葚、枸杞、山楂、蕈菌多糖、蛹虫草。

功能：益气固精、保镇丹田、增强气力、延年益寿。

适宜人群：成年男性。具有常喝常年轻、久服轻身，可增长肌肉，强身健体。对身体疲劳者、体虚者，可增强体质；对中老年人，可防治动脉硬化、延缓衰老。

二、花精虫草茶（女茶）

处方：黄精、玫瑰花、桂圆、陈皮、蕈菌多糖、蛹虫草。

功能：补气血、养精神、美容养颜。

适宜人群：成年女性。年轻女性，常饮可调身体气血，使面色红润、精神愉悦。对于体弱、产后女性均有补益气血、调养精神、增强体质的作用。

第七节 调味品系列

食用菌营养丰富、味道鲜美、风味独特，含较多优质蛋白质和人体必需氨基酸，其丰富的呈味氨基酸赋予了食用菌特殊的香气。食用菌调味品是在不同调味品中加入某些食用菌，带给调味品一种天然的蘑菇香味，从而更加鲜美、可口。

一、平菇醋

将平菇引入老陈醋的酿造过程中，带给食醋一种蘑菇味，同时提高了食醋的氨基酸含量。

二、香菇酱油

香菇酱油是在酱油酿造中添加入香菇，带给酱油更多的天然呈味氨基酸，使得酱油更加鲜美。

三、双孢菇酱

双孢菇酱是将双孢蘑菇与大豆进行混合发酵后再进行煎制的一种具有特殊蘑菇香气的佐餐酱料，完美地将发酵工艺与煎制工艺结合，非常适合搭配面条、馒头食用。

第八节 休闲食品系列

食用菌脆片是将香菇、白玉菇和双孢菇经过真空冷冻干燥后添加香辛料制成，最大程度上保持了食用菌的营养成分与风味，经过调味后的脆片咸甜适宜、清脆爽口，是绝佳的健康休闲食品。

主要产品有香菇脆片、姬菇脆片、双孢菇脆片。

食用菌脆片最大程度保留了食用菌中主要营养成分，包括各种微量元素、多种维生素、蛋白质、铁、钙以及膳食纤维。可以当零食吃的蘑菇是外出旅游、朋友聚会的绝佳食品。

第九节　酒类系列

食用菌健康酒是在白酒、黄酒、米酒、露酒的酿造过程中或酿造后加入蕈菌，相比传统酒类保健价值更高，定期少量饮用具有预防心血管病、促进新陈代谢、舒筋活血和提高人体免疫力等作用。

一、蕈菌健康白酒

食用菌高端健康白酒就是在清香型白酒的酿造过程中加入珍稀食用菌，使食用菌中小分子活性物质经过蒸馏进入到白酒中。

二、晋孔菌露酒

嗜蓝孢孔菌与辅助材料经白酒浸泡后，通过澄清工艺处理，可制得晋孔菌露酒，酒体色泽透亮、呈金黄色状，定期少量饮用具有提高人体免疫力、增强机体活力、抗病毒、防御肿瘤的作用。

三、晋孔菌黄酒

晋孔菌黄酒是在黄酒酿造中加入嗜蓝孢孔菌，菌体在酿造中伴随粮食的水解醇化同步水解，将其中的糖类及蛋白水解，释放出可以被人体直接吸收的多糖与多肽。相比传统黄酒，保健价值更高。

四、晋孔菌米酒

晋孔菌米酒是在米酒酿造中加入嗜蓝孢孔菌，相比传统的米酒更加香醇，游离氨基酸含量更高，功能性更强，因其酒精度较低（低于 5 度），适合更广大人群饮用。

第十节　功能菇系列

功能菇是在保健食用菌原有营养与功能的基础上，选用具有特殊生理活性或保健功能的物料培育食用真菌，将两者的功效结合，产出营养更均衡、功能更全面的菇类。

一、功能菇

中医认为平菇性温、味甘，具有追风散寒、舒筋活络的功效，用于治疗腰腿疼痛、手足麻木、筋络不通等病症。平菇子实体富含营养物质，味道鲜美，每100g干品中含蛋白质7.8～17.8g、脂肪1.0～23.0g、糖类57.6～81.8g、还原糖0.87%～1.8%、粗纤维5.6g。以中药为基质栽培的平菇具有中药所赋予的特殊功能，如以黄芪为基质的平菇具有抑制皮肤疾病的功效。

二、富硒虫草

富硒虫草含有虫草酸、虫草多糖、硒元素等。常食用富硒虫草，可起到补充人体硒元素，增强体力精力，提高人体免疫力和延缓衰老等作用。

第十一节　菇粮系列

菇粮即蕈菌系列食品原料，是利用具有特殊香味、特殊功能以及特色使用途径的大型真菌，以具有基本食用的粮食作物作基质，通过灭菌、接种、培养、发酵、干制、粉碎等过程，将菌类的成分与谷物成分有机地融合在一起，形成的一种既有粮食谷物的基本成分和丰富营养，又具有风味菌类的特效功能的全新食药同源食品原料，可以直接作为食品原料用于生产食品，也可用作食品添加剂用于增加食品风味和特效功能。

一、晋孔菌菇粮系列

雁北嗜蓝孢孔菌（晋孔菌）分离自山西雁北地区沙棘树腐木，蛋白质含量丰富、氨基酸组成合理、脂肪含量较低，含有三萜类化合物、多糖类、黄酮类和硒元素等多种功能性化学成分。此菌甘温微苦，当地人将其作为传统药物，具有提高免疫力、抗感冒、平衡血糖等功效。

二、桦褐孔菌菇粮系列

桦褐孔菌含有多糖、桦褐孔菌素、桦褐孔菌醇、三萜类化合物等功能性成分，尤其是其中大量的抗癌、降血压、降血糖、复活免疫作用的植物纤维类多醣体，可以提高免疫细胞的活力，抑制癌细胞扩散和复发，在胃肠内防止致癌物质等有害物质的吸收，并促进排泄。

三、羊肚菌菇粮系列

羊肚菌，隶属于盘菌纲盘菌目羊肚菌科羊肚菌属，一种珍稀食、药用真菌，肉质脆嫩可口，营养丰富，含有多种抗病毒、抗肿瘤等作用的生理活性物质，在食品、保健品、医药、化妆品等领域有着广阔的应用前景。

四、灵芝菇粮系列

灵芝是一种著名的药用真菌，属担子菌纲多孔菌目灵芝科，在我国入药使用已达两千多年。其菌丝体和孢子中含有丰富的多糖、多肽、三萜类、氨基酸、蛋白质、有机酸以及微量元素等，具有抗氧化、抗肿瘤、免疫调节等作用。灵芝丰富的营养价值和重要的保健作用，使得灵芝有着广阔的开发应用前景。

五、茯苓菇粮系列

茯苓具有利水渗湿、健脾安神、增强机体免疫功能的功效，其中茯苓多糖还有明显的抗肿瘤及保护肝脏的作用。

参考文献

陈卫 . 2008. 层孔菌发酵菌粉的新药材研制及其活性成分 Hispolon 的抗肿瘤分子机制研究[D]. 杭州：浙江大学 .

崔华丽 . 2011. 羊肚菌多糖的结构特点和抗肿瘤机制的研究[D]. 合肥：安徽大学 .

邓志鹏，孙隆儒 . 2006. 中药马勃的研究进展[J]. 中药材，29（9）：996–998.

丁小维，刘开辉，邓百万，等 . 2011. 两株牛肝菌内生真菌的分离鉴定及活性初步研究[J]. 中国抗生素杂志，36（12）：885–888.

段巍鹤，郭瑞，张起莹，等 . 2015. 羊肚菌活性成分应急性抗疲劳功能的研究[J]. 安徽农业科学，43（8）：1–3.

高峰，谢丽亚，苑广信，等 . 2017. 蛹虫草多肽提高小鼠学习记忆能力的作用及机制[J]. 中国继续医学教育，9（2）：207–208.

高明燕，郑林用，余梦瑶，等 . 2011. 尖顶羊肚菌菌丝体水提液对实验型胃溃疡的作用[J]. 菌物学报，30（2）：325–330.

高琰妍 . 2017. 香菇多糖联合化疗治疗肺癌的疗效及免疫功能的相关影响[J/OL]. 中华肿瘤防治杂志，1–2[2020–05–07]. https://doi.org/10.16073/j.cnki.cjcpt.20170704.039.

郭晶，江蔚新，范明松 . 2013. 马勃化学成分及药理作用研究进展[J]. 现代医药卫生，29（3）：386–389.

贺沛芳，杨怀民，张治家，等 . 2010. 五台山野生食用菌资源营养价值及展望[J]. 中国食用菌，29（3）：7–9.

黄守耀，焦春伟，梁慧嘉，等 . 2015. 灵芝水提物活性成分抗皮肤衰老功效研究[J]. 安徽农业科学（6）：27–29.

黄雅琴，李尽哲，段鸿斌，等 . 2014. 蛹虫草对果蝇紫外辐照的保护作用[J]. 食用菌学报，21（4）：45–48.

刘波 . 1978. 中国药用真菌[M]. 太原：山西人民出版社 .

刘吉开 . 2004. 高等真菌化学[M]. 北京：中国科学技术出版社 .

罗霞，魏巍，余梦瑶，等 . 2011. 尖顶羊肚菌对急性酒精性胃黏膜损伤保护作用研究[J]. 菌物学报，30（2）：319–324.

马利，李霞，张松 . 2014. 尖顶羊肚菌胞外多糖提取物对皮肤成纤维细胞增殖和衰老的影响[J]. 菌物学报，33（2）：385–393.

宋明杰，包海鹰 . 2013. 菌物中麦角甾类化合物的研究进展[J]. 菌物研究，11（4）：266–274.

宋淑敏，邹作华，王洪荫，等 . 1996. EF–11 营养液的研制及其保健作用的试验研究[J]. 食品科学（7）：52–57.

谭敬军 . 2001. 竹荪抑菌特性研究[J]. 食品科学（9）：73–75.

王萍，张银波，江木兰 . 2008. 多不饱和脂肪酸的研究进展[J]. 中国油脂，33（12）：42–46.

王耀辉 . 2017. 白灵菇多糖提取工艺优化及其抗氧化活性研究[D]. 太原：山西大学 .

辛英姬，方绍海，王筱凡，等 . 2011. 茶树菇多糖抑菌效果的试验[J]. 食用菌，33（4）：64–65.

徐峻，方绍海，辛英姬，等 . 2010. 应用茶树菇（As-1）多糖评价小鼠高脂模型的建立[J]. 安徽农业科学，38（29）：16 248-16 249.

徐胜平，刘雨阳，吴素蕊，等 . 2015. 4 种云南野生牛肝菌的多酚含量及其抗氧化活性[J]. 中国食用菌，34（6）：54-59.

薛莉 . 2014. 羊肚菌胞外粗多糖对 S_{180} 肉瘤小鼠的抑制实验[J]. 山西中医学院学报，15（2）：27-29.

杨海龙，李伟 . 2000. 短裙竹荪多糖清除 O_2^- 及对人红细胞膜自由基氧化的影响[J]. 科技通报，16（5）：371-373.

叶文姣，冯武，黄文，等 . 2014. 蛹虫草胞外多糖的体外抗氧化活性分析[J]. 华中农业大学学报，33（5）：105-110.

游洋，包海鹰 . 2011. 不同成熟期大秃马勃子实体提取物的抑菌活性及其挥发油成分分析[J]. 菌物学报，30（3）：477-485.

张安强 . 2006. 猴头菌子实体多糖的分离纯化、结构鉴定、结构修饰和生物活性研究[D]. 南京：南京农业大学 .

张红伟 . 2002. 白灵菇栽培新技术[J]. 中国食用菌，21（2）：26-27，33.

赵祁，肖杰，王勤 . 2001. 阿魏菇对小鼠免疫功能的影响[J]. 中国食用菌，20（1）：43-45.

郑立明，曹长华，张长琳，等 . 1990. 金针菇口服液对果蝇和家蝇寿命的影响[J]. 中国食用菌，9（3）：7-8.

宗灿华，于国萍 . 2007. 黑木耳多糖对糖尿病小鼠降血糖作用[J]. 食用菌（4）：60-61.

Bizarro A，Ferreira I C F R，Sokovic M，et al. 2015. *Cordyceps militaris*（L.）Link fruiting body reduces the growth of a non-small cell lung cancer cell line by increasing cellular levels of p53 and p21 [J]. Molecules，20（8）：13 927-13 940.

Chen T，Hou H. 2016. Protective effect of gelatin polypeptides from Pacific cod（*Gadus macrocephalus*）against UV irradiation-induced damages by inhibiting inflammation and improving transforming growth factor-beta/Smad signaling pathway [J]. Journal of photochemistry and photobiology B，Biology（162）：633-640.

Gong F，Gong M，Zhang C K，et al. 1998. Crystallization and some char-acterization of Flammulin purified from the fruit bodies of Flam-mulina velutipes [J]. Bioresource Technology，64（2）：153-156.

Kawagishi H，Shimada A，Shirai R，et al. 1994. Erinacines A，B and C，strong stimulators of nerve growth factor（NEF）-synthesis，from the mycelia of *Hericium erinaceum*[J]. Tetrahedron Lett，35：1 569-1 572.

Kim J A，Ahn B N，Kong C S，et al. 2012. Chitooligomers inhibit UV-A-induced photoaging of skin byregulating TGF-β/Smad signaling cascade[J]. Carbohydrate Polymers，88（2）：490-495.

Kong F L，Li F E，He Z M，et al. 2014. Anti-tumor and macrophage activation induced by alkali-extracted polysaccharide from *Pleurotus ostreatus*[J]. International Journal of Biological Macromolecules，69：561-566.

Li Y，Li K，Mao L，et al. 2016. Cordycepin inhibits LPS-induced inflammatory and matrix degradation in the intervertebral disc[J]. Peer J，4（e1992）.

Lim J H，Lee Y M，Park S R，et al. 2014. Anticancer activity of hispidin via reactive oxygen species-mediated apoptosis in colon cancer cells[J]. Anticance Research，34：4 087-4 093.

Liu J Y，Feng C P，Li X，et al. 2016. Immunomodulatory and antioxidative activity of *Cordyceps militaris* polysaccharides in mice[J]. Int J Biol Macromol（86）：594-598.

Maja K，Anita K，Miomir N，et al. 2011. Antioxidative and immunomodulating activities of polysaccharide extracts of the medicinal mushrooms *Agaricus bisporus*, *Agaricus brasiliensis*, *Ganoderma lucidum* and *Phellinus linteus*[J]. Food Chemistry, 129: 1 667–1 675.

Ruthes A C, Rattmann Y D, Malquevicz–paiva S M, et al. 2013. *Agaricus bisporus* fucogalactan: structural characterization and pharmacological approaches[J]. Carbohyd Polym, 92 (1): 184–191.

Senk S V, Ibrahim O, et al. 2010. Antioxident properties of selected *Boletus* Mushrooms[J]. Food Biopfysics, 5: 49–58.

Singh V, Vyas D, Pandey R, et al. 2015. *Pleurotus ostreatus* produces antioxidant and antiarthritic activity in wistar albino rats[J]. World Journal of Pharmacy and Pharmaceutical Sciences, 4 (5): 1 230–1 246.

Song J, Wang Y, Liu C, et al. 2016. *Cordyceps militaris* fruit body extract ameliorates membranous glomerulonephritis by attenuating oxidative stress and renal inflammation via the NF–K B pathway[J]. Food & function, 7 (4): 2 006–2 015.

Song J, Wang Y, Teng M, et al. 2016. *Cordyceps militaris* induces tumor cell death via the caspase dependent mitochondrial pathway in HepG2 and MCF7 cells[J]. Molecular medicine reports, 13 (6): 5 132–5 140.

Tsai C H, Yen Y H, Yang J P. 2015. Finding of polysaccharide–peptide complexes in *Cordyceps militaris* and evaluation of its acetylcholinesterase inhibition activity[J]. Journal of food and drug analysis, 23 (1): 63–70.

Ueda K, Tsujimori M, Kodani S, et al. 2008. An endoplasmic reticulum (ER) stress–suppressive compound and its analogues from the mushroom *Hericium erinaceum*[J]. Bioorgan Med Chem, 16 (21): 9 467–9 470.

Wang H X, Ng T B. 2004. A new laccase from dried fruiting bodies of the monkey head mushroom *Hericium erinaceum*[J]. Biochem Biophys Res Commun, 322 (1): 17–21.

Yu S H, Chen S Y, Li W S, et al. 2015. Hypoglycemic Activity through a Novel Combination of Fruiting Body and Mycelia of *Cordyceps militaris* in High–Fat Diet–Induced Type 2 Diabetes Mellitus Mice[J]. Journal of diabetes research, 2015: 723190[2015–07–16]doi: 10.1155/2015/723190.

附 图

图 1-1 香菇

图 1-2 猴头菌

图 1-3 灵芝

图 1-4 竹荪

图 1-5 火木层孔菌(1)

图 1-6 火木层孔菌(2)

图 1-7　蛹虫草

图 1-8　蛹虫草发育

图 1-9　羊肚菌

图 1-10　马勃

图 1-11　黑皮鸡枞菇

图 2-1　大白桩菇(图片由刘虹提供)

图 2-2　紫丁香蘑(1)(图片由张程提供)

图 2-3　紫丁香蘑(2)

图 2-4　紫丁香蘑(3)

图 2-5　垩白桩菇

图 2-6　粉紫香蘑

图 2-7　肉色杯伞(1)

图 2-8　肉色杯伞(2)

图 2-9　肉色香蘑

图 2-10　黄毒蝇鹅膏菌

图 2-11　大红菇(1)(图片由刘虹提供)

图 2-12　大红菇(2)(图片由陈金泉提供)

图 2-13　深凹杯伞(图片由刘虹提供)

图 2-14　绒柄小皮伞(图片由刘虹提供)

图 2-15　白毒鹅膏菌(图片由刘虹提供)

图 2-16　盘状桂花耳(图片由刘虹提供)

图 2-17　金黄硬皮马勃(图片由刘虹提供)

图 2-18　黏锈耳(图片由刘虹提供)

图 2-19　褐皮马勃(1)(图片由刘虹提供)

图 2-20　褐皮马勃(2)

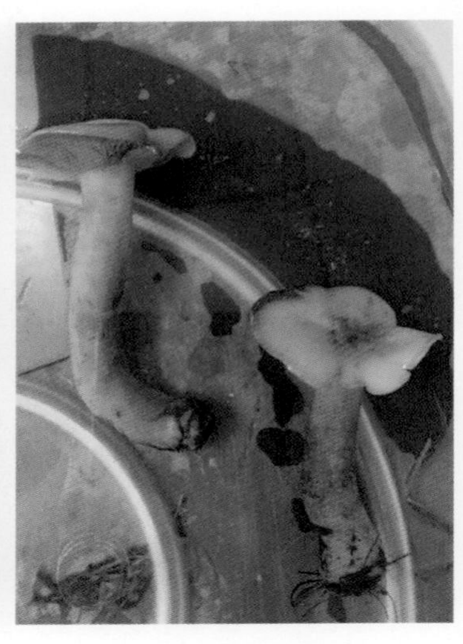

图 2-21　皱盖乳菇
(图片由刘虹提供)

图 2-22　杨树口蘑

图 2-23　无柄地星

图 2-24　黄伞

图 2-25　毛囊附毛菌

图 2-26 浅橙红乳菇

图 2-27 栎疣柄牛肝菌

图 2-28 青黄蜡伞(图片由刘虹提供)

图 2-29 浅黄丝盖伞(图片由陈曙霞提供)

图 2-30 淡紫红菇(图片由刘虹提供)

图 2-31 云杉乳菇

图 2-32　毛头乳菇

图 2-33　松乳菇

图 2-34　梨形马勃

图 2-35　白鬼笔

图 2-36　蛇头菌

图 2-37　洁小菇